新疆托木尔峰
国家自然保护区植物图谱

（上）

席琳乔　郝海婷　主编

中国农业科学技术出版社

图书在版编目（CIP）数据

新疆托木尔峰国家级自然保护区植物图谱. 上册 / 席琳乔，郝海婷主编 . — 北京：中国农业科学技术出版社，2021.1

ISBN 978-7-5116-5168-6

Ⅰ . ①新… Ⅱ . ①席… ②郝… Ⅲ . ①自然保护区－植物－新疆－图谱 Ⅳ . ① Q948.524.5-64

中国版本图书馆 CIP 数据核字（2021）第 024187 号

责任编辑　张国锋
责任校对　李向荣

出　版　者　中国农业科学技术出版社
　　　　　　北京市中关村南大街 12 号　邮编：100081
电　　　话　（010）82106636（编辑室）（010）82109702（发行部）
　　　　　　（010）82109709（读者服务部）
传　　　真　（010）82106631
网　　　址　http://www.castp.cn
经　销　者　各地新华书店
印　刷　者　北京东方宝隆印刷有限公司
开　　　本　710mm×1 000mm　1/16
印　　　张　12.5
字　　　数　320 千字
版　　　次　2021 年 1 月第 1 版　2021 年 1 月第 1 次印刷
定　　　价　98.00 元

编 委 会

主　任　李新斌（阿克苏地区林业和草原局）

副主任　杨　纯（新疆托木尔峰国家级自然保护区管理局）

　　　　　杨泽军（新疆托木尔峰国家级自然保护区管理局）

　　　　　席琳乔（塔里木大学）

委　员　刘浦江（阿克苏地区天山国有林管理局）

　　　　　郝海婷（塔里木大学）

　　　　　王国庆（新疆托木尔峰国家级自然保护区管理局）

　　　　　闫成才（塔里木大学）

　　　　　杨志峰（新疆托木尔峰国家级自然保护区管理局）

　　　　　牟利民（新疆托木尔峰国家级自然保护区管理局）

　　　　　朱红祥（阿克苏地区天山国有林管理局）

编写人员名单

主　　编　席琳乔　郝海婷

副 主 编　杨　纯　闫成才　刘浦江

编写人员　王　栋　谢元元　任尚福　张　凯　孙　强
　　　　　姜　莉　艾沙江·阿不都沙拉木　吐尔洪·努尔东
　　　　　朱红祥　万　燕　吴东升　刘浦江　闫成才
　　　　　杨　纯　郝海婷　席琳乔

前　言

新疆托木尔峰国家级自然保护区于 2003 年经国务院批准建立，是以保护高山冰川和其下部的森林、野生动植物及其生境为主的超大型、综合性的国家级自然保护区，拥有天山南坡最完整的垂直自然带谱，位于天山山脉南麓中段，塔里木盆地北缘的阿克苏地区温宿县境内，地理位置 $80°5'1'' \sim 80°55'16.2''$ E，$41°40'0.3'' \sim 42°6'7.9''$ N，总面积 38 万 hm^2。作为我国少有的高山自然保护区，其在冰川和干旱区野生植物及其生境、植物物种的地理成分与分布类型、多样性的形成与演变的历史研究中极具科研价值。

自 1977 年中国科学院托木尔峰登山科学考察队首次对托木尔峰地区南北坡的植物资源进行考察以来，国家林业局中南林业调查规划设计院、新疆大学、新疆师范大学、中国科学院生态与地理研究所、新疆农业大学、塔里木大学等研究单位陆续对保护区内植被和植物资源进行过科考调查，近年来随着社会经济的发展，保护区界限范围已历经 3 次大范围变更，亟需重新开展自然保护区内植物种类的调查工作，掌握保护区植物资源，丰富保护区植物资源档案和文献，为保护区生态保育提供科学指导。

自 2010 年以来，编者每年前往保护区开展植物物种多样性实地调查，采集了大量标本，拍摄了 12 000 余幅植物及植被景观照片，编研成《新疆托木尔峰国家级自然保护区植物图谱》，以期为保护区植物资源科学保护和合理利用提供参考。同时，也期望通过本书的面世，吸引更多的专家、学者和广大读者亲临新疆托木尔峰国家级自然保护区，领略天山南麓中段现代冰川、山地、荒漠、草原、森林生态系统的魅力。

本书以图文并茂的方式，从植物群落、个体、器官及局部等多层次多视角展示了保护区 46 科 137 属 182 种常见野生维管束植物的形态特征、生境特点。其中，裸果木（*Gymnocarpos przewalskii*）为国家 I 级保护重点植物；宽叶红门兰（*Orchis latifolia* L.）、凹舌兰（*Coeloglossum viride* (L.) Hartm.）、阴生红门兰、中麻黄（*Ephedra intermedia* Schrenk ex Mey.）和胀果甘草（*Glycyrrhiza inflata* Batal.）等为国家 II 级野生保护植物。科的排列上，裸子植物按照郑万钧系统（1978 年）排列，被子植物按照恩格勒系统（1936 年）排列。所有物种的拉丁名、中文名及科、属名均参照《中国植物志》《Flora of China》《新疆植物志》等进行核对和修正。并列出物种在保护区内具体分布位置及用途。

在本书的编纂和审稿过程中，得到了石河子大学阎平教授、鲁为华教授、甘肃农业大学孙学刚教授、新疆农业大学安沙舟教授、塔里木大学刘艳萍副教授、西北农林科技大学张玲博士、西北大学柴永福博士等的大力支持与帮助，另外何万荣、李杨辉和石小春参与野外调查采样和标本制作。在此，谨向以上单位和个人表示衷心的感谢。

由于编者的学术水平有限和编著时限，书中难免有内容疏漏、分类误定、图片质量低等缺憾，真诚希望广大读者对书中存在的缺点和错误，给予批评指正。

编　者

2020 年 8 月 22 日

目　录

目

录

目录

3

目

录

目
录

目
录

目
录

7

目录

目

录

松 科

雪岭云杉（雪岭杉）*Picea schrenkiana* Fisch. et Mey.

科属 松科云杉属

形态 乔木，高达 35~40m，胸径 70~100cm；树皮暗褐色，成块片状开裂；大枝短，近平展，树冠圆柱形或窄尖塔形；小枝下垂，一二年生时呈淡黄灰色或黄色，老枝呈暗灰色。冬芽圆锥状卵圆形，淡褐黄色，微有树脂，芽鳞背部及边缘有短柔毛，小枝基部宿存芽鳞排列较松，先端向上伸展。叶辐射斜上伸展，四棱状条形，四面均有气孔线，上面每边 5~8 条，下面每边 4~6 条。球果成熟前绿色，椭圆状圆柱形或圆柱形；中部种鳞倒三角状倒卵形，苞鳞倒卵状矩圆形；种子斜卵圆形，种翅倒卵形，先端圆。花期 5—6 月，球果 9—10 月成熟。

生境 生于海拔 1 200~3 000m 山谷及湿润的阴坡。

分布 大库孜巴依、小库孜巴依、平台子、帕克勒克。

用途 水土保持树种；木材；树皮可提制栲胶。

新疆落叶松 *Larix sibirica* Ledeb.

科属　松科落叶松属

形态　乔木，高达 40m，胸径 80cm；树皮暗灰色、灰褐色或深褐色，纵裂；大枝平展，树冠尖塔形；一年生长枝淡黄色、黄色或淡黄灰色，二三年生枝灰黄色。叶倒披针状条形，长 2~4cm，宽约 1mm，先端尖或钝尖，上面中脉隆起，无气孔线，下面沿中脉两侧各有 2~3 条气孔线。球果卵圆形或长卵圆形，幼时紫红色或红褐色，很少绿色、熟时褐色、淡褐色或微带紫色，长 2~4cm，径 1.5~3cm；中部种鳞三角状卵形、近卵形、菱状卵形或菱形，鳞背常密生淡紫褐色柔毛；苞鳞紫红色，近带状长卵形，长约 1cm；种子灰白色，具不规则的褐色斑纹，斜倒卵圆形。花期 5 月，球果 9—10 月成熟。

生境　生于海拔 1 000~3 500m，常与冷杉、桦树等组成混交林或纯林。

分布　小库孜巴依。1960 年前后从阿勒泰引进，现已成林。

用途　森林树种，木材可作为建筑及工业原料，种皮含鞣质，可提制栲胶。

松科

柏　科

新疆圆柏（叉子圆柏）*Sabina vulgaris* Ant.

科属　柏科圆柏属

形态　匍匐灌木，高不及 1m，稀灌木或小乔木；枝密，斜上伸展，枝皮灰褐色；叶二型：刺叶常生于幼一树上，稀在壮龄树上与鳞叶并存，常交互对生或兼有三叶交叉轮生，先端刺尖，中部有长椭圆形或条形腺体；鳞叶交互对生，斜方形或菱状卵形，先端微钝或急尖，背面中部有明显的椭圆形或卵形腺体。雌雄异株，稀同株；雄球花椭圆形或矩圆形；雌球花曲垂或初期直立而随后俯垂。球果生于向下弯曲的小枝顶端，熟前蓝绿色，熟时褐色至紫蓝色或黑色，多少有白粉，具 1~4（5）粒种子，形状多为倒三角状球形；种子常为卵圆形，微扁，长 4~5mm，有纵脊和树脂槽。

生境　生于海拔 1 100~2 800m 多石山坡，或针叶树或针叶树阔叶树混交林内。

分布　平台子。

用途　水土保持、固沙造林树种。

柏
科

麻黄科

细子麻黄 *Ephedra regeliana Florin.*

科属　麻黄科麻黄属

形态　草本状小灌木，高5~15cm，地上部分木质茎不明显，仅基部有数枝长约1~2cm、呈节结状的木质枝；主枝常不明显；小枝假轮生，通常向上直伸。叶2片对生，下部约1/2合生。雄球花生于小枝上部，椭圆形，苞片4~6对，雄蕊6~7；雌球花在节上对生，或数个成丛生于枝顶，苞片3对。雌球花成熟时肉质红色，卵圆形或宽卵圆形，上部苞片约4/5合生；种子通常2粒，藏于苞片内，窄卵圆形。

生境　生于海拔1 800~4 000m山坡石缝中或林木稀少的干燥地区。

分布　台兰河谷山口戈壁。

用途　含生物碱，供药用。

麻黄科

膜果麻黄 *Ephedra przewalskii* Stapf

科属　麻黄科麻黄属

形态　灌木，高 50~240cm；茎的上部具多数绿色分枝，老枝黄绿色，小枝绿色，分枝基部再生小枝，形成假轮生状。叶通常 3 裂并有少数 2 裂混生。球花多数密集成团状的复穗花序，对生或轮生于节上；雄球花淡褐色或褐黄色，近圆球形；苞片 3~4 轮，每轮 3 片，黄色或淡黄绿色，中央有绿色草质肋；雌球花淡绿褐色或淡红褐色，近圆球形，苞片 4~5 轮，每轮 3 片；种子通常 3 粒，暗褐红色，长卵圆形，表面常有细密纵皱纹。

生境　多生于干旱山麓、多砂石的盐碱土上。

分布　台兰河山口、阿托依纳克。

用途　固沙，茎枝可作燃料。

麻黄科

中麻黄 *Ephedra intermedia* Schrenk ex Mey.

科属 麻黄科麻黄属

形态 灌木，高20~100cm；茎直立或匍匐斜上；叶3裂及2裂混见，下部约2/3合生成鞘状。雄球花通常数个密集于节上呈团状，雄花有5~8枚雄蕊；雌球花2~3成簇，对生或轮生于节上；雌花的珠被管常呈螺旋状弯曲。雌球花成熟时肉质红色，椭圆形；种子包于肉质红色的苞片内，3粒或2粒，常呈卵圆形或长卵圆形。花期5—6月，种子7—8月成熟。

生境 生于海拔2 000m左右的干旱荒漠、沙滩、山坡或草地上。

分布 帕克勒克、台兰河谷山口戈壁。

用途 药用，苞片可食，根和茎枝常作燃料。

麻黄科

杨柳科

胡杨 *Populus euphratica*

科属　杨柳科杨属

形态　乔木，高 10~15m。树皮淡灰褐色，下部条裂。苗期和萌枝叶披针形或线状披针形；成年树小枝泥黄色，枝内富含盐量，嘴咬有咸味。叶形卵圆形、卵圆状披针形、三角状卵圆形或肾形，有 2 腺点，两面同色；雄花序细圆柱形，雄蕊 15~25，花药紫红色；雌花序长约 2.5cm，果期长达 9cm，子房长卵形，柱头 3，2 浅裂，鲜红或淡黄绿色。蒴果长卵圆形，2~3 瓣裂。花期 5 月，果期 7—8 月。

生境　多生于盆地、河谷和平原。

分布　大峡谷。

用途　干旱盐碱地绿化树种，用作造纸、建筑、家具等原料。

杨柳科

密叶杨 *Populus talassica*

科属 杨柳科杨属

形态 乔木。树皮灰绿色，树冠开展；萌条微有棱角，棕褐色或灰色，带叶短枝棕褐色，叶痕间常有短绒毛。短枝叶卵圆形或卵圆状椭圆形，长 5~8cm，宽 3~5cm，先端渐尖，基部楔形、阔楔形或圆形，边缘浅圆齿；叶柄圆，长 2~4cm，近无毛。雄花序长 3~4cm，花药紫色。蒴果卵圆形，长 5~8mm，3 瓣裂，裂片卵圆形，无毛，短柄，被绒毛。花期 5 月，果期 6 月。

生境 生于海拔 500~1 800m 山地河谷和前山地带的河谷两岸。

分布 木扎特河河谷、小库孜巴依。

用途 造林树种，木材。

杨柳科

桦木科

天山桦 *Betula tianschanica* Rupr.

科属　桦木科桦木属

形态　小乔木，高4~12m；树皮淡黄褐色或黄白色，偶有红褐色，成层剥裂；枝条灰褐色或暗褐色；小枝褐色，密被柔毛，具树脂状腺体。叶厚纸质，通常为宽卵状菱形或卵状菱形，顶端锐尖或渐尖，基部宽楔形或楔形，侧脉4~7对。果序直立或下垂，矩圆状圆柱形；果苞长5~8mm，两面均被短柔毛，背面尤密，边缘具短纤毛，中裂片三角形或矩圆形，侧裂片卵形、矩圆形或近方形，比中裂片宽，稍短至短于中裂片的1/2，微开展至横展，少有直立或下弯。小坚果倒卵形。

生境　生于海拔1 300~2 500m河岸阶地、沟谷、阴山坡或砾石坡。

分布　破城子。

用途　可栽培作行道树；造纸原料。

蓼　科

天山大黄 *Rheum wittrockii* Lundstr.

科属　蓼科大黄属

形态　高大草本，高50~100cm，具黑棕色细长根状茎；茎中空。基生叶2~4片，叶片卵形到三角状卵形或卵心形，边缘具弱皱波；叶柄与叶片近等长，被稀疏乳突状毛或不明显；茎生叶2~4片，上部的1~2片叶腋具花序分枝。大型圆锥花序分枝较疏；花被白绿色，倒卵圆形或宽椭圆形；雄蕊9；花柱3。果实圆形或矩圆形，幼时红色。种子卵形。花期6—7月，果期8—9月。

生境　生于海拔1 200~2 600m山坡草地、林下或沟谷。

分布　小库孜巴依、平台子。

用途　中药材，治泻肠胃积热、下瘀血，外敷消痛肿。

蓼
科

珠芽蓼 *Polygonum viviparum* L.

科属 蓼科蓼属

形态 多年生草本。茎直立，不分枝，通常2~4条自根状茎发出。基生叶长圆形或卵状披针形，外卷，具长叶柄；茎生叶较小披针形，近无柄。总状花序呈穗状，顶生，下部生珠芽；苞片卵形，每苞内具1~2花；花被5深裂，白色或淡红色。花被片椭圆形；雄蕊8；花柱3。瘦果卵形，具3棱，深褐色。花期5—7月，果期7—9月。

生境 生于海拔1 200~5 100 m山坡林下、高山或亚高山草甸。

分布 阿托伊纳克、平台子、大库孜巴依、小库孜巴依、帕克勒克。

用途 入药，清热解毒，止血散瘀。

蓼科

锐枝木蓼 *Atraphaxis pungens* (Bieb.) Jaub. et Spach.

科属 蓼科木蓼属

形态 灌木，高达 1.5 m。主干直而粗壮，多分枝，树皮灰褐色呈条状剥离；木质枝，顶端无叶，刺状；当年生枝短粗，白色。托叶鞘筒状，顶端具 2 个尖锐的牙齿；叶宽椭圆形或倒卵形，蓝绿色或灰绿色，边缘全缘或有不明显的波状牙齿，具突起的网脉。总状花序侧生于当年生枝条上；花被片 5，粉红色或绿白色，内轮花被片 3，具明显的网脉，外轮花被片 2，果时向下反折。瘦果卵圆形，具 3 棱。花期 5—8 月。

生境 生于海拔 510~3 400 m 干旱砾石坡地及河谷漫滩，沟边湿地、水边。

分布 台兰河谷。

用途 中草药，治大风癫疾、气痢风劳。

蓼科

塔里木沙拐枣 *Calligonum roborovskii* A. Los.

科属 蓼科沙拐枣属

形态 灌木，通常高 30~80cm。老枝灰白色或淡灰色，幼枝淡绿色。叶鳞片状。花 1~2 朵生叶腋；花被片淡红色或近白色，宽椭圆形，果时反折。果（包括刺）宽卵形或椭圆形，黄色或黄褐色；瘦果长卵形，扭转，果肋凸起，肋间沟槽深，每肋中央生刺 2 行；刺较密或较稀疏，粗壮，坚硬，中部或中上部2~3 次 2~3 分叉，末叉短，刺状。花期 5—6 月，果期 6—7 月。

生境 生于海拔 900~1 500m 洪积扇沙砾质荒漠、冲积平原和干河谷。

分布 台兰河谷口荒漠。

用途 观赏价值；生态作用，防风固沙。

蓼科

巴天酸模 *Rumex patientia* L.

科属　蓼科酸模属

形态　多年生草本。根肥厚，直径可达 3cm。茎直立，粗壮，高 90~150cm，上部分枝，具深沟槽。基生叶长圆形或长圆状披针形；叶柄粗壮；茎上部叶较小。花序圆锥状，大型；花两性；关节果时稍膨大，外花被片长圆形，内花被片果时增大，宽心形，具网脉，全部或一部具小瘤；瘦果卵形，具 3 锐棱，褐色。花期 5—6 月，果期 6—7 月。

生境　生于海拔 20~4 000m 沟边湿地、水边。

分布　台兰河谷、平台子。

用途　药用，有凉血、解毒的功效；也可作蔬菜、饲料。

蓼

科

石竹科

薄蒴草 *Lepyrodiclis holosteoides* (C. A. Mey.) Fisch. et Mey.

科属 石竹科薄蒴草属

形态 一年生草本，全株被腺毛。茎高 40~100cm，具纵条纹，上部被长柔毛。叶片披针形，顶端渐尖，基部渐狭，上面被柔毛，沿中脉较密，边缘具腺柔毛。圆锥花序开展；苞片草质，披针形或线状披针形；萼片 5，线状披针形；花瓣 5，白色，宽倒卵形；雄蕊通常 10，花丝基部宽扁；花柱 2，线形。蒴果卵圆形，短于宿存萼，2 瓣裂；种子扁卵圆形，红褐色。花期 5—7 月，果期 7—8 月。

生境 生于海拔 1 200~2 800m 山坡草地、荒芜农地或林缘。

分布 平台子。

用途 花期全草药用，有利肺、托疮功效。

沼生繁缕 *Stellaria palustris* **Ehrh. Retz.**

科属 石竹科繁缕属

形态 多年生草本，高 10~35cm，全株无毛，灰绿色，沿茎棱、叶缘和中脉背面粗糙，均具小乳凸。茎丛生，直立，下部分枝，具四棱。叶片线状披针形至线形，边缘具短缘毛，带粉绿色，两面无毛，中脉明显。二歧聚伞花序；苞片披针形至狭卵状披针形，边缘白色；萼片卵状披针形，下面 3 脉明显；花瓣白色，2 深裂达近基部，与萼片等长或稍长，裂片近线形；雄蕊 10；花柱 3。蒴果卵状长圆形，具多数种子；种子近圆形，稍扁，暗棕色或黑褐色，表面具明显的皱纹状凸起。花期 6—7 月，果期 7—8 月。

生境 生于海拔 1 000~3 600m 山坡草地或山谷疏林地，喜湿润。

分布 琼台兰河畔云杉林下、小库孜巴依。

用途 观赏；活血止痛，清热解毒。

石竹科

繁缕 *Stellaria media* （L.） Cyr.

科属　石竹科繁缕属

形态　一年生或二年生草本，高 10~30cm。茎俯仰或上升，基部多少分枝，常带淡紫红色，被 1（2）列毛。叶片宽卵形或卵形，顶端渐尖或急尖，基部渐狭或近心形，全缘；基生叶具长柄。疏聚伞花序顶生；花梗细弱，具 1 列短毛，花后伸长，下垂；萼片 5，卵状披针形，顶端稍钝或近圆形，边缘宽膜质，外面被短腺毛；花瓣白色，长椭圆形，比萼片短，深 2 裂达基部，裂片近线形；雄蕊 3~5；花柱 3。蒴果卵形；种子卵圆形至近圆形，红褐色，表面具半球形瘤状凸起，脊较显著。

生境　为常见田间杂草，亦为世界广布种。

分布　平台子。

用途　茎、叶及种子供药用，嫩苗可食。

天山卷耳 *Cerastium tianschanicum* Schischk.

科属　石竹科卷耳属

形态　多年生草本，高 15~35cm，全株密被柔毛。茎上部分枝。茎生叶叶片线状披针形，顶端渐尖，基部无柄。聚伞花序具 2~8 朵花；花梗与花萼近等长或为花萼的 2~3 倍，花后开展或拱曲；萼片 5，披针形；花瓣 5，白色，长圆状倒心形，顶端微凹；雄蕊 10，短于花瓣，花丝扁线形，无毛；花柱 5，线形，与雄蕊近等长。蒴果长圆形，比宿存萼长 1 倍，10 齿裂，裂齿直立；种子肾形或圆形，具细疣状凸起。花期 5—6 月，果期 6—7 月。

生境　生于海拔 680~2 700m 针叶林、亚高山的草甸中、渠边及河岸。

分布　琼台兰河畔云杉林缘地带。

用途　观赏；活血止痛，清热解毒。

石竹科

裸果木 *Gymnocarpos przewalskii*

科属　石竹科裸果木属

形态　亚灌木状，高 50~100cm。茎曲折，多分枝；树皮灰褐色，剥裂；嫩枝赭红色，节膨大。叶几无柄，叶片稍肉质，线形，略成圆柱状。聚伞花序腋生；苞片白色，透明，宽椭圆形，长 6~8mm，宽 3~4mm；花小；花萼下部连合，萼片倒披针形，顶端具芒尖，外面被短柔毛；花瓣无；外轮雄蕊无花药，内轮雄蕊花丝细，花药椭圆形，纵裂；子房近球形。瘦果包于宿存萼内；种子长圆形。花期 5—7 月，果期 8 月。

生境　生于海拔 1 000~2 500m 荒漠区的干河床、戈壁滩、砾石山坡。

分布　阿托伊纳克、破城子、台兰河谷。

用途　嫩枝骆驼喜食；可作固沙植物。

石竹科

藜　科

合头草 *Sympegma regelii* Bge.

科属　藜科合头草属

形态　直立，高可达 1.5m。根粗壮，黑褐色。老枝多分枝，黄白色至灰褐色，通常具条状裂隙；当年生枝灰绿色，稍有乳头状突起，具多数单节间的腋生小枝。叶向上斜伸。花两性，通常 1~3 个簇生于具单节间小枝的顶端，花簇下具 1（较少 2）对基部合生的苞状叶，状如头状花序；花被片直立；翅宽卵形至近圆形，淡黄色；雄蕊 5；柱头有颗粒状突起。胞果两侧稍扁，圆形，果皮淡黄色。种子直立。花果期 7—10 月。

生境　生于轻盐碱化的荒漠、干山坡、冲积扇、沟沿等处。

分布　台兰河谷口前荒漠、帕克勒克、平台子、破城子。

用途　荒漠、半荒漠地区的优质牧草。

藜
科

无叶假木贼 *Anabasis aphylla* L.

科属 藜科假木贼属

形态 半灌木，高 20~50cm。木质茎多分枝，小枝灰白色，通常具环状裂隙；当年枝鲜绿色，分枝或不分枝，直立或斜上；节间多数，圆柱状，长 0.5~1.5cm。叶不明显或略呈鳞片状，宽三角形，先端钝或急尖。花 1~3 朵生于叶腋，多于枝端集成穗状花序；小苞片短于花被，边缘膜质；外轮 3 个花被片近圆形，果时背面下方生横翅；翅膜质，扇形、圆形、或肾形，淡黄色或粉红色，直立；内轮 2 个花被片椭圆形，无翅或具较小的翅；花盘裂片条形，顶端蓖齿状。胞果直立，近球形，直径 1.5~2mm，果皮肉质，暗红色，平滑。花期 8—9 月，果期 10 月。

生境 生于山前砾石洪积扇、戈壁、沙丘间，有时也见于干旱山坡。

分布 破城子、台兰河口荒漠、阿托伊纳克。

用途 有杀虫作用，供制土农药。固沙。

藜
科

驼绒藜 *Ceratoides latens* (J. F. Gmel.) Reveal et Holmgren

科属　藜科驼绒藜属

形态　植株高 10~100cm，分枝多集中于下部，斜展或平展。叶较小，条形、条状披针形、披针形或矩圆形，先端急尖或钝，基部渐狭、楔形或圆形，1脉，有时近基处有 2 条侧脉，极稀为羽状。雄花序较短，长达 4cm，紧密。雌花管椭圆形，长 3~4mm，宽约 2mm；花管裂片角状，较长，其长为管长的 1/3 至等长。果直立，椭圆形，被毛。花果期 6—9 月。

生境　生于戈壁、荒漠、半荒漠、干旱山坡或草原中。

分布　破城子、巴依里、台兰河山口荒漠。

用途　半灌木优质牧草。

藜科

圆叶盐爪爪 *Kalidium schrenkianum* Bge. ex Ung.-Sternb.

科属 藜科盐爪爪属

形态 小灌木，高 10~25cm。茎自基部分枝；枝，灰褐色，有纵裂纹，带白色，易折断。叶片不发育，瘤状，顶端圆钝，基部半包茎，小枝上的叶片基部狭窄，倒圆锥状。花序穗状，圆柱形，卵形或近于球形；每 3 朵花生于 1 苞片内；花被上部扁平成盾状，盾片五角形。种子近卵形，种皮红褐色，密生乳头状小突起。花果期 6—8 月。

生境 生于盐碱地、盐湖边。

分布 台兰河山口荒漠、破城子、帕克勒克。

用途 饲草。

藜科

木本猪毛菜 *Salsola arbuscula* Pall.

科属　藜科猪毛菜属

形态　小灌木，高 40~100cm，多分枝；老枝淡灰褐色，小枝乳白色。叶互生，老枝上的叶簇生于短枝的顶部，叶片半圆柱形，淡绿色，扩展处的上部缢缩成柄状，叶片自缢缩处脱落，枝条上留有明显的叶基残痕。花序穗状；花被片矩圆形；翅 3 个为半圆形；花被片在翅以上部分，向中央聚集，包覆果实，呈莲座状。种子横生。花期 7—8 月，果期 9—10 月。

生境　生于山麓、砾质荒漠。

分布　阿托伊纳克、帕克勒克。

用途　叶入药，能平肝、镇静、降压。

藜科

天山猪毛菜 *Salsola junatovii* Botsch.

科属 藜科猪毛菜属

形态 半灌木，高 20~50cm，多分枝；老枝木质，灰褐色，有纵裂纹，小枝草质，下部乳白色，上部为绿色，平滑或密生小突起。叶互生，叶片半圆柱状，长 1~2.5cm，宽 1.5~2.5mm，平滑或有小突起，微内弯，顶端钝或有小尖，稍膨大，基部扩展，微下延，扩展处的上部缢缩成柄状，叶片自缢缩处脱落。花序穗状，再由数个穗状花序构成圆锥状花序；苞片叶状；小苞片宽三角形，背面肉质，稍隆起，边缘膜质，顶端尖；花被片长卵形，顶端钝，果时变硬，自背面中下部生翅；翅 3 个较大，半圆形，膜质，棕褐色，具多数细而明显的脉，2 个较小，矩圆形，花被果时（包括翅）直径 8~9mm；花被片在翅以上部分，聚集成钝的圆锥体；花药附属物顶端钝；柱头钻状，扁平，长为花柱的 2~3 倍；花柱稍粗壮。种子横生。花期 8—9 月，果期 9—10 月。

生境 生于干旱山坡、砾质荒漠。

分布 破城子。

用途 水土保持，可作饲草。

木霸王 *Sarcozygium xanthoxylon* Bge.

科属 蒺藜科霸王属

形态 灌木，高50~100cm。枝弯曲，开展，皮淡灰色，木质部黄色，先端具刺尖。叶在老枝上簇生，幼枝上对生；小叶1对，长匙形，狭矩圆形或条形，肉质，花生于老枝叶腋；萼片4，倒卵形，绿色；花瓣4，倒卵形或近圆形，淡黄色，长8~11mm；雄蕊8，长于花瓣。蒴果近球形，常3室，每室有1种子。种子肾形。花期4—5月，果期7—8月。

生境 生于荒漠和半荒漠的沙砾质河流阶地、低山山坡、碎石低丘和山前平原。

分布 破城子、阿托伊纳克、台兰河谷。

用途 低等饲料；药用。

藜科

毛茛科

钟萼白头翁 *Pulsatilla campanella* Fisch.

科属 毛茛科白头翁属

形态 植株开花时高 14~20cm，结果实时高达 40cm。基生叶 5~8，三回羽状复叶；叶片卵形或狭卵形，羽片 3 对，斜卵形；叶柄有长柔毛。花葶 1~2，有柔毛；总苞长约 1.8cm，筒长约 2mm，苞片 3 深裂，深裂片狭披针形，背面有长柔毛；花稍下垂；萼片紫褐色，椭圆状卵形或卵形，顶端稍向外弯，外面有绢状绒毛。聚合果；瘦果纺锤形，有长柔毛。5—6 月开花。

生境 生于海拔 1 900~2 600m 山地草坡。

分布 破城子、平台子。

用途 药用，治细菌性痢疾、淋巴结核等症。

毛茛科

扁果草 *Isopyrum anemonoides* Kar.

科属　毛茛科扁果草属

形态　根状茎细长，外皮黑褐色。茎直立，高 10~23cm。基生叶多数，为二回三出复叶；叶片轮廓三角形，中央小叶具细柄，等边菱形至倒卵状圆形，3全裂或3深裂，裂片有3枚粗圆齿或全缘，表面绿色，背面淡绿色。茎生叶 1~2枚，似基生叶，但较小。花序为简单或复杂的单歧聚伞花序，有 2~3 花；苞片卵形；花直径 1.5~1.8cm；萼片白色；花瓣长圆状船形；雄蕊 20 枚左右。蓇葖扁平；种子椭圆球形。6—7 月开花，7—9 月结果。

生境　生于海拔 2 300~3 500m 山地草原或林下石缝中。

分布　破城子、巴依里、平台子。

用途　块根药用。

毛茛科

三裂碱毛茛 *Halerpestes tricuspis* (Maxim.) Hand.-Mazz.

科属 毛茛科碱毛茛属

形态 多年生小草本。匍匐茎横走，节处生根和簇生数叶。叶均基生；叶片质地较厚，菱状楔形至宽卵形，3 中裂至 3 深裂，有时侧裂片 2~3 裂或有齿。花单生；萼片卵状长圆形；花瓣 5，黄色或表面白色，狭椭圆形，蜜槽点状或上部分离成极小鳞片；雄蕊约 20。聚合果近球形；瘦果 20 多枚，斜倒卵形，有 3~7 条纵肋。花果期 5—8 月。

生境 生于海拔 3 000~5 000 m 盐碱性湿草地。

分布 平台子、巴依里。

用途 全草入药，解毒，利水祛湿。

毛茛科

准噶尔金莲花 *Trollius dschungaricus* Regel

科属 毛茛科金莲花属

形态 植株全部无毛。茎高 10~50cm，疏生 2~3 个叶。基生叶 3~7；叶片五角形，三深裂至距基部 1~2mm 处，深裂片互相覆压，中央深裂片宽椭圆形或椭圆状倒卵形，上部三浅裂，裂片互相多少覆压，边缘生小裂片及不整齐小牙齿，侧深裂片斜扇形，不等二深裂，二回裂片互相多少覆压；叶柄长 6~28cm。花通常单独顶生，直径 3.0~5.4cm；花梗长 5~15cm；萼片黄色或橙黄色，8~13 片，倒卵形或宽倒卵形；种子椭圆球形，黑色。6—8 月开花，9 月果熟。

生境 生于海拔 1 800~3 100m 山地草坡或云杉树林下。

分布 平台子，大库孜巴依、小库孜巴依。

用途 药用，消炎。

毛茛科

暗紫耧斗菜 *Aquilegia atrovinosa* M. Pop. ex Gamajun

科属 毛茛科耧斗菜属

形态 根细长圆柱形，外皮暗褐色。茎直立，高 30~60cm。基生叶少数，为二回三出复叶；叶片轮廓宽卵状三角形，中央小叶倒卵状楔形，顶端三浅裂，浅裂片有 2~3 个粗圆齿；叶柄被伸展的柔毛。茎生叶少数，分裂情况似茎生叶。花 1~5 朵；苞片线状披针形；萼片深紫色，狭卵形，外面被微柔毛；花瓣与萼片同色；退化雄蕊白色；花药宽椭圆形，黄色。蓇葖长 1.5~2.5cm。5—7 月开花。

生境 生于海拔 1 800~3 600m 山地杉林下，河谷或路旁。

分布 大库孜巴依。

用途 全草入药，清热凉血，调经止血。

鸟足毛茛 *Ranunculus brotherusii* Freyn

科属 毛茛科毛茛属

形态 多年生草本。须根簇生。茎高 3~10cm。基生叶肾圆形，3 深裂或达基部，中裂片长圆状倒卵形或披针形，侧裂片 2 中裂至 2 深裂。下部叶与基生叶相似，上部叶无柄，3~5 深裂，裂片再不等地 2~3 裂。花单生于茎顶；萼片卵形；花瓣 5，长卵圆形，长 5~6mm，基部有细爪，蜜槽点状，花药长约 1mm。聚合果矩圆形，瘦果卵球形，喙直伸或顶端弯。花果期 6—8 月。

生境 生于海拔 2 600~3 500m 草地。

分布 平台子。

用途 药用。

厚叶美花草 *Callianthemum alatavicum* Freyn

科属　毛茛科美花草属

形态　多年生草本。茎渐升成近直立。基生叶 3~5，有长柄，二至三回羽状复叶；叶片厚，干时近革质，狭卵形或卵状长圆形。茎生叶 2~3，似基生叶，但较小；花 6~10，白色，基部橙黄色，倒卵形，顶端圆形。聚合果近球形；瘦果卵球形表面稍皱，宿存花柱短。花果期 6—8 月。

生境　生于海拔 2 650~3 400m 山地草坡或山谷中。

分布　巴依里。

用途　可供药用。

毛茛科

亚欧唐松草 *Thalictrum minus* L.

科属　毛茛科唐松草属

形态　植株全部无毛。茎下部叶和茎中部叶均有短柄，为四回三出羽状复叶；叶片长达 20cm；顶生小叶楔状倒卵形、近圆形或狭菱形，三浅裂或有疏牙齿；叶柄长达 4cm，基部有狭鞘。圆锥花序；萼片 4，淡黄绿色，狭椭圆形；雄蕊多数，花药狭长圆形。瘦果狭椭圆球形。6—7 月开花。

生境　生于海拔 1 400~2 700m 山地草坡、田边、灌丛中或林中。

分布　台兰河谷云杉林下、平台子。

用途　药用。

毛茛科

东方铁线莲 *Clematis orientalis* L.

科属　毛茛科铁线莲属

形态　草质藤本。茎纤细，有棱。一至二回羽状复叶；小叶有柄，2~3 全裂或深裂、浅裂至不分裂，中间裂片较大，长卵形、卵状披针形或线状披针形，基部圆形或圆楔形，全缘或基部又 1~2 浅裂。圆锥状聚伞花序或单聚伞花序，多花或少至 3 花；苞片叶状，全缘；萼片 4，黄色、淡黄色或外面带紫红色，斜上展，披针形或长椭圆形，内外两面有柔毛，外面边缘有短绒毛。瘦果卵形、椭圆状卵形至倒卵形，扁。

生境　生于海拔 1 000~2 000m 沟边、路旁或湿地。

分布　平台子、台兰河谷。

用途　全草入药，可祛风湿、止痒。

毛茛科

西伯利亚铁线莲 *Clematis sibirica* (L.) Mill.

科属 毛茛科铁线莲属

形态 亚灌木,长达3m。当年生枝基部有宿存的鳞片,外层鳞片三角形,长方椭圆形,顶端常3裂。二回三出复叶,小叶片或裂片9枚,卵状椭圆形,两侧的小叶片常偏斜,顶端及基部全缘,中部有整齐的锯齿。单花;花钟状下垂;萼片4枚,淡黄色,长方椭圆形或狭卵形;退化雄蕊花瓣状,长仅为萼片之半,条形,顶端较宽呈匙状。瘦果倒卵形。花期6—7月,果期7—8月。

生境 生林边、路边及云杉林下。

分布 破城子、台兰河谷灌丛。

用途 观赏,作绿篱;药用,利尿通淋或祛风止痛类药物。

毛茛科

准噶尔铁线莲 *Clematis songarica* Bge.

科属 毛茛科铁线莲属

形态 多年生草本，高 40~150cm。单叶对生或簇生；叶片灰绿色，线状披针形，全缘或有锯齿，或向叶基部渐呈锯齿状牙齿或为小裂片，两面无毛。聚伞花序或圆锥状聚伞花序顶生；花直径 2~3cm；萼片 4~6，白色，长圆状倒卵形至宽倒卵形。瘦果略扁，卵形或倒卵形。花期 6—8 月，果期 7—9 月。

生境 生于海拔 450~2 500m 山麓前冲积扇、河谷、湿草地或荒山坡。

分布 台兰河谷。

用途 观赏，作花篱。

毛茛科

疏齿银莲花 *Anemone obtusiloba ssp.ovalifolia* **Bruhl**

科属　毛茛科银莲花属

形态　植株通常较低矮，高 3.5~15cm。叶片长 0.8~3.2cm，三全裂，两面通常多少密被短柔毛，脉平。花序有 1 花；苞片倒卵形，三浅裂，或卵状长圆形，不分裂，全缘或有 1~3 齿；萼片 5，白色、蓝色或黄色；心皮 20~30，子房密被白色柔毛，稀无毛。

生境　生于海拔 2 900~4 000m 高山草地。

分布　平台子。

用途　药用，有补血、散寒、消积的功效。

小檗科

黑果小檗 *Berberis atrocarpa* Schneid.

科属　小檗科小檗属

形态　灌木，高1~2m。刺单1或3分叉。叶革质，绿色，倒卵形，基部渐窄成柄，全缘或具不明显的刺状齿牙。总状花序；萼片6~8枚，花瓣状，宽卵形至倒卵形花6，宽倒卵形或宽椭圆形。浆果球形或广椭圆形，直径可达1.2cm，紫黑色被白粉。种子长卵形，表面有皱纹。花期5月，果期7—8月。

生境　生于海拔600~2 800m山坡灌丛中、常绿阔叶林缘或岩石上。

分布　破城子、帕克勒克。

用途　药用，能清热燥湿、泻火解毒。

喀什小檗 *Berberis kaschgarica* Rupr.

科属 小檗科小檗属

形态 落叶灌木，高约1m。枝圆柱形，紫红色；茎刺三分叉，淡黄色。叶倒披针形，先端急尖，具1刺尖头，基部楔形，上面绿色，中脉微隆起，侧脉2~3对，背面淡绿色；近无柄。总状花序具5~9朵花，总梗基部常有1至数花簇生。花黄色；萼片2轮，外萼片椭圆形；内萼片倒卵形；花瓣长圆形。浆果卵球形，黑色，顶端具明显宿存花柱，不被白粉。花期5—6月，果期6—8月。

生境 生于海拔1 900~2 800m山谷阶地、山坡、林缘或灌丛中。

分布 台兰河谷。

用途 观赏；药用；染料。

罂粟科

新疆海罂粟 *Glaucium squamigerum* Kar et Kir.

科属　罂粟科海罂粟属

形态　二年生或多年生草本，高 20~40cm。茎 3~5，直立，不分枝。基生叶多数，叶片轮廓狭倒披针形，大头羽状深裂；茎生叶 1~3。花单个顶生；苞片羽状 3~5 深裂；花芽卵圆形，外面被多数鳞片状皮刺；花瓣近圆形或宽卵形，金黄色；花丝丝状，花药长圆形；子房圆柱形，密被刺状鳞片，柱头 2 裂。蒴果线状圆柱形，具稀疏的刺状鳞片，成熟时自基部向先端开裂；果梗粗壮，具多数种子。种子肾形。花果期 5—10 月。

生境　生于海拔 860~2 600m 山坡砾石缝、路边碎石堆、荒漠或河滩。

分布　小库孜巴依、巴依里。

用途　药用，有敛肺、涩肠、止咳、止痛和催眠等功效；观赏。

罂粟科

直茎黄堇 *Corydalis stricta* Steph. ex Fisch

科属 罂粟科紫堇属

形态 多年生灰绿色丛生草本，高 30~60cm，具主根和多头根茎。根茎具鳞片和多数叶柄残基。茎具棱，不分枝或少分枝。基生叶具长柄。叶片二回羽状全裂，一回羽片约 4 对，二回羽片约 3 枚，宽卵圆形。茎生叶与基生叶同形。总状花序密具多花。苞片狭披针形。花梗下弯。花黄色，背部带浅棕色。萼片卵圆形。外花瓣不宽展，具短尖，无鸡冠状突起。内花瓣具鸡冠状突起。蒴果长圆形，下垂。

生境 生于海拔 2 300~4 400m 高山多石地带。

分布 帕克勒克、塔格拉克。

用途 药用，全草祛风明目、清热止血。

罂粟科

山柑科

刺山柑（野西瓜）*Capparis spinosa* L.

科属　山柑科山柑属

形态　藤本小半灌木。枝条平卧，辐射状展开。托叶2，变成刺状。单叶互生肉质，圆形、椭圆形或倒卵形，先端常具尖刺；花大，直径2~4cm，单生与叶腋；萼片4，排列成2轮；花瓣4，白色或粉色；雄蕊多数，长于花瓣。蒴果浆果状，椭圆形，果肉血红色。种子肾形，具褐色斑点。花期5—6月。

生境　生于荒漠地带的戈壁、沙地、石质山坡及山麓，也见于农田附近。

分布　台兰河谷口荒漠、阿托伊纳克。

用途　根、皮、果可作药用，能祛风、散寒、除湿；种子可食用。

十字花科

西北山菥菜 *Eutrema edwardsii* R. Br.

科属 十字花科山菥菜属

形态 多年生草本，高6~18cm。茎单1或数个丛生，基部常带淡紫色。基生叶长卵状圆形至卵状三角形；下部茎生叶具宽柄，上部的无柄，叶片长卵状圆形、窄卵状披针形或条形。花序伞房状；外轮萼片宽卵状长圆形，内轮萼片卵形；花瓣白色，长圆倒卵形。角果纺锤形；果瓣中脉明显。种子卵形。花期7—8月。

生境 生于海拔2 600~3 700m山坡草甸、草地。

分布 巴依里、破城子。

用途 可止痛，利尿；用于神经痛、关节炎、外洗皮肤炎、捣敷烫伤等。

遏蓝菜（菥蓂） *Thlaspi arvense* L.

科属 十字花科菥蓂属

形态 一年生草本，高 20~40cm，茎直立。基生叶长圆状披针形或倒披针形，基部箭形，有短柄，茎生叶无柄，卵形或披针形，抱茎。总状花序顶生；花瓣倒卵圆形，白色；雄蕊 6，4 强，花药卵形。短角果近圆形，具宽翅，先端稍凹陷。种子小，倒卵形。花果期 4—7 月。

生境 生在平地路旁，沟边或村落附近。

分布 平台子。

用途 制肥皂；食用；药用，全草清热解毒、消肿排脓。

十字花科

景天科

圆叶八宝 *Hylotelephium ewersii* (Ledeb.) H.Ohba

科属　景天科八宝属

形态　多年生草本。根状茎木质，绳索状。茎多数，近基部木质而分枝，紫棕色，上升，高5~25cm。叶对生，宽卵形，边全缘或有不明显的牙齿；无柄；叶常有褐色斑点。伞形聚伞花序，花密生；萼片5，披针形；花瓣5，紫红色，卵状披针形，花丝浅红色，花药紫色；鳞片5，卵状长圆形。蓇葖5，直立，有短喙，种子披针形，褐色。花期7—8月。

生境　生于海拔1 800~2 500m林下沟边石缝中。

分布　平台子、阿托伊纳克。

用途　观赏；食用，增强人体免疫力，延缓衰老。

景天科

卵叶瓦莲 *Rosularia platyphylla*（Schrenk）Berger

科属　景天科瓦莲属

形态　多年生草本。地下部分块茎状，圆卵形，根粗，少数。花茎1~4，高5~10cm，斜上，不分枝，有短毛，发自莲座丛边上的基生叶腋；莲座直径5~10cm，基生叶扁平，菱状倒卵形或匙形；茎生叶互生，无柄，长圆形至线形。聚伞花序伞房状，被短腺毛，有多花；萼片5，卵形；花冠白色；雄蕊10。蓇葖卵状长圆形；种子长圆状卵形，褐色。花期6—7月，果期8月。

生境　生于海拔220~2 750m的河谷阶地、山谷山坡上。

分布　台兰河畔、阿托伊纳克、巴依里、帕克勒克。

用途　药用。

景天科

虎耳草科

天山茶藨子 *Ribes meyeri* Maxim.

科属　虎耳草科茶藨子属

形态　落叶灌木，高 1~2 m；小枝灰棕色或浅褐色，皮长条状剥离，嫩枝带黄色或浅红色，无刺；芽小，卵圆形或长圆形。叶近圆形，两面无毛，掌状 5，稀 3 浅裂，裂片三角形或卵状三角形，边缘具粗锯齿。花两性；总状花序长 3~5（6）cm，具花 7~17 朵；苞片卵圆形；花萼紫红色或浅褐色而具紫红色斑点和条纹；萼筒钟状短圆筒形；萼片匙形或倒卵圆形；花瓣狭楔形或近线形；花药卵圆形，白色。果实圆形，紫黑色，多汁而味酸。花期 5—6 月，果期 7—8 月。

生境　生于海拔 1 400~3 900 m 山坡疏林内、沟边云杉林下或阴坡路边灌丛中。

分布　小库孜巴依。

用途　绿化树种，制作饮料及酿酒，具有较高的经济价值和生态价值。

虎耳草科

新疆梅花草 *Parnassia laxmannii* Pall. ex Schult.

科属 虎耳草科梅花草属

形态 多年生草本，高约25cm。基生叶2~4；叶片卵形或长卵形，全缘，上面深绿色，下面淡绿色，有明显3~5条脉。茎2~4，不分枝，近基部具1茎生叶，与基生叶相似，但稍小，无柄半抱茎。花单生于茎顶；萼筒管钟状；萼片披针形，全缘，有明显3条脉；花瓣白色，倒卵形；雄蕊5。蒴果被褐色小点；种子多数，褐色。花期7—8月，果期9月开始。

生境 生于海拔2 460~2 560m山谷冲积平原阴湿处或山谷河滩草甸中。

分布 平台子。

用途 入药，具有清热凉血、解毒消肿、止咳化痰之功效。

虎耳草科

蔷薇科

天山花楸 *Sorbus tianschanica* Rupr.

科属　蔷薇科花楸属

形态　灌木或小乔木，高达 5m；小枝粗壮，圆柱形，褐色或灰褐色，嫩枝红褐色。奇数羽状复叶，小叶片 4~7 对，卵状披针形，边缘大部分有锐锯齿，仅基部全缘；托叶线状披针形。复伞房花序大形，有多数花朵，排列疏松，无毛；花直径 15~20mm；萼筒钟状，内外两面均无毛；萼片三角形；花瓣卵形或椭圆形，白色。雄蕊 15~20，通常 20；花柱 3~5，通常 5。果实球形，鲜红色，先端具宿存闭合萼片。花期 5—6 月，果期 9—10 月。

生境　生于海拔 2 000~3 200m 高山溪谷中或云杉林边缘。

分布　平台子、巴依里。

用途　栽培供观赏和水土保持。

疏花蔷薇 *Rosa laxa* Retz.

科属　蔷薇科蔷薇属

形态　灌木，高 1~2m；小枝直立或稍弯曲，有成对或散生、镰刀状、浅黄色皮刺。小叶 7~9；小叶片椭圆形、长圆形或卵形，边缘有单锯齿；叶轴上面有散生皮刺、腺毛和短柔毛。花常 3~6 朵，组成伞房状，有时单生；苞片卵形；花直径约 3cm；萼片卵状披针形，外面有稀疏柔毛和腺毛；花瓣白色，倒卵形；花柱离生，比雄蕊短很多。果长圆形或卵球形，红色。花期 6—8 月，果期 8—9 月。

生境　生于海拔 500~1 150m 灌丛中、干沟边或河谷旁。

分布　台兰河山谷。

用途　药用、观赏、水土保持。

蔷薇科

多裂委陵菜 *Potentilla multifida* L.

科属 蔷薇科委陵菜属

形态 多年生草本。根圆柱形，稍木质化。花茎上升，高 12~40cm，被短柔毛或绢状柔毛。基生叶羽状复叶，小叶 3~5 对；小叶片对生，羽状深裂几达中脉，长椭圆形或宽卵形；茎生叶 2~3；基生叶托叶膜质，褐色；茎生叶托叶草质，绿色，卵形或卵状披针形。花序为伞房状聚伞花序；萼片三角状卵形，副萼片披针形或椭圆披针形，外面被伏生长柔毛；花瓣黄色，倒卵形。瘦果平滑或具皱纹。花期 5—8 月。

生境 生于海拔 1 200—4 300 m 山坡草地，沟谷及林缘。

分布 平台子。

用途 带根入药，能清热利湿、止血、杀虫，外伤出血。

蔷薇科

鹅绒委陵菜（蕨麻） *Potentilla anserina* L.

科属　蔷薇科委陵菜属

形态　多年生草本。茎匍匐，在节处生根，常着地长出新植株，外被伏生或半开展疏柔毛。基生叶为间断羽状复叶，有小叶 6~11 对。小叶对生或互生；小叶片通常椭圆形，边缘有多数尖锐锯齿或呈裂片状，上面绿色，被疏柔毛，下面密被紧贴银白色绢毛；基生叶和下部茎生叶托叶膜质，褐色，上部茎生叶托叶草质，多分裂。单花腋生；花瓣黄色，倒卵形。

生境　生于海拔 500~4 100m 河岸、路边、山坡草地及草甸。

分布　小库孜巴依、平台子。

用途　药用；燃料；提制栲胶；提取黄色燃料；蜜源和饲料植物。

蔷薇科

二裂委陵菜 *Potentilla bifurca* L.

科属 蔷薇科委陵菜属

形态 多年生草本。花茎直立，高 5~20 cm。羽状复叶，小叶 5~8 对；小叶片无柄对生，椭圆形，顶端常 2 裂，两面绿色，伏生疏柔毛；下部叶托叶膜质，褐色，外面被微硬毛，上部茎生叶托叶草质，绿色，卵状椭圆形，常全缘稀有齿。近伞房状聚伞花序，顶生；萼片卵圆形；花瓣黄色，倒卵形。瘦果表面光滑。花果期 5—9 月。

生境 生于海拔 800~3 600 m 山坡草地、黄土坡上、半干旱荒漠草原及疏林下。

分布 巴依里、平台子。

用途 药用止血；中等饲料植物。

蔷薇科

白毛金露梅 *Potentilla fruticosa L.var. albicans* Rehd. et Wils.

科属　蔷薇科委陵菜属

形态　灌木，高 0.5~2m，多分枝，树皮纵向剥落。小枝红褐色。羽状复叶，小叶 2 对；叶柄被绢毛或疏柔毛；小叶片长圆形、倒卵长圆形或卵状披针形，两面绿色，下面密被银白色绒毛或绢毛。单花或数朵生于枝顶，花梗密被长柔毛或绢毛；花直径 2.2~3cm；萼片卵圆形，副萼片与萼片近等长，外面疏被绢毛；花瓣黄色，宽倒卵形。瘦果近卵形，褐棕色。花果期 6—9 月。

生境　生于海拔 400~4 600m 高山草地、干旱山坡、林缘及灌丛中。

分布　小库孜巴依、平台子。

用途　药用；观赏；饲料；建筑材料；篱笆。

蔷薇科

全缘栒子 *Cotoneaster integerrimus* Medic.

科属　蔷薇科栒子属

形态　落叶灌木，高达 2 m。棕褐色或灰褐色，嫩枝密被灰白色绒毛。叶片宽椭圆形、宽卵形或近圆形，全缘，上面无毛或有稀疏柔毛，下面密被灰白色绒毛；托叶披针形。聚伞花序有花 2~5（7）朵，下垂；苞片披针形；花直径 8 mm；萼筒钟状；萼片三角卵形；花瓣近圆形，基部具爪，粉红色；雄蕊 15~20，与花瓣近等长；花柱 2，稀 3，离生，短于雄蕊。果实近球形，红色，常具 2 小核。花期 5—6 月，果期 8—9 月。

生境　生于海拔 2 500 m 石砾坡地。

分布　破城子、帕克勒克、平台子。

用途　优良的地被植物材料。

蔷薇科

天山羽衣草 *Alchemilla tianschanica* Juz.

科属　蔷薇科羽衣草属

形态　多年生草本，高 20~50cm，植株黄绿色。叶柄密被平展的柔毛；叶片圆或肾形，7~9 浅裂，上面无毛，下面被散生或较密柔毛，沿中脉具平展的柔毛；托叶具尖齿。花序小，为多花紧密的聚伞花序；花黄绿色，花梗光滑；萼筒圆锥形，无毛或仅在基部有开展的柔毛。花期 7—8 月。

生境　生于海拔 1 600~2 700m 山坡草地及林。

分布　平台子。

用途　美白淡斑。

蔷薇科

西伯利亚羽衣草 *Alchemilla sibirica* Zam.

科属 蔷薇科羽衣草属

形态 多年生草本，高 7~30cm。茎呈弧形上升，全株密被开展的柔毛。基生叶肾形或肾圆形，7~9 浅裂片，半圆形或半卵形，边缘有三角状尖齿，两面被密柔毛，下面沿中脉较密，茎生叶中等大小。花为疏散的聚伞花序，黄绿色；萼筒钟状，密被柔毛。花期 6—7 月。

生境 生于亚高山、林缘或灌丛。

分布 巴依里。

用途 美白淡斑。

蔷薇科

西北沼委陵菜 *Comarum salesovianum* (Stepn.) Asch. et Gr.

科属　蔷薇科沼委陵菜属

形态　半灌木、高 30~100cm。茎直立，有分枝、下部木质化，幼茎被白色粉及长柔毛。奇数羽状复叶、小叶 7~11，长圆状披针形或卵状被针形，边缘有尖锯齿，上面无毛，下面有白蜡粉及伏生柔毛，复叶柄带红色；托叶大部分与叶柄合生，有白色蜡粉及长柔毛，具 3 小叶。聚伞花序；花托肥厚；萼片三角状、带紫红色，副萼片线状披针形，紫色，外面均被白色蜡粉及柔毛；花瓣倒卵形，白色，先端圆钝，基部有短爪。瘦果长圆形，被长柔毛。

生境　生于海拔 3 600~4 000m 山坡、沟谷、河岸。

分布　阿托伊纳克。

用途　优良的野生花卉灌木植物。

胡颓子科

中亚沙棘 *Hippophae rhamnoides* L. subsp. *turkestanica*

科属 胡颓子科沙棘属

形态 落叶灌木或小乔木，高可达6m，稀至15m，嫩枝密被银白色鳞片，一年以上生枝鳞片脱落，表皮呈白色，光亮，老枝树皮部分剥裂；刺较多而较短，有时分枝。单叶互生，线形，顶端钝形或近圆形，基部楔形，两面银白色，密被鳞片（稀上面绿色），无锈色鳞片。果实阔椭圆形或倒卵形至近圆形，干时果肉较脆；种子形状不一，常稍扁。花期5月，果期8—9月。

生境 生于海拔800~3 000m河谷台阶地、空旷山坡，常见于河漫滩。

分布 台兰河谷、塔克拉克。

用途 食疗价值；美容价值；生态绿化。

胡颓子科

豆 科

白车轴草 *Trifolium repens* L.

科属 豆科车轴草属

形态 多年生草本，高 10~30cm。掌状三出复叶；小叶片宽椭圆形，基部楔形，边缘有细锯齿，上面具灰绿色"V"形斑。头状花序密集呈球形；花冠白色、黄白色或淡粉红色。荚果长圆形，包被于膜质的宿萼内。种子近圆形，褐色。花果期 5—9 月。

生境 常见于种植，在湿润草地、河岸、路边呈半自生状态。

分布 小库孜巴依。

用途 优良牧草；可作为绿肥、草坪装饰，以及蜜源和药材等。

红车轴草 *Trifolium pratense* L.

科属 豆科车轴草属

形态 多年生草本，高 30~50cm。茎直立或上升，疏生毛或近无毛。掌状出复叶，叶面上常有"V"形白斑；托叶近卵形，基部抱茎。花序球状或卵状，顶生。萼钟状，具 5 齿；花冠紫红色。荚果小，通常含 1 粒种子。花果期 5—9 月。

生境 生于林缘、路边、草地等湿润处。

分布 小库孜巴依。

用途 饲用；药用；食用；草坪建植。

豆科

胀果甘草 *Glycyrrhiza inflata* Batal.

科属 豆科甘草属

形态 多年生草本；茎直立，基部带木质，多分枝，高 50~150cm。根与根状茎粗壮，外皮褐色，被黄色鳞片状腺体，里面淡黄色，有甜味。小叶 3~7（9）枚，长圆形，上面暗绿色，下面淡绿色，两面被黄褐色腺点。总状花序腋生；苞片长圆状坡针形，密被腺点及短柔毛；花萼钟状，萼齿 5；花冠紫色或淡紫色，翼瓣与旗瓣近等大，龙骨瓣稍短，均具瓣柄和耳。荚果椭圆形，直或微弯，二种子间胀膨或与侧面不同程度下隔，被褐色的腺点和刺毛状腺体，疏被长柔毛。种子 1~4 枚，圆形，绿色。花期 5—7 月，果期 6—10 月。

生境 生于河岸阶地、水边、农田边或荒地中。

分布 台兰河谷口。

用途 根和根状茎供药用。

边陲黄耆 *Astragalus hoantchy* Franch. subsp. *dshimensis*（Gontsch.）K. T. Fu

科属　豆科黄耆属

形态　茎直立，高 50~90cm，有细棱，分枝。羽状复叶有 17~25 片小叶，连同叶轴散生白色长柔毛；小叶宽卵形或近圆形，长 5~20mm，先端微凹或截形，有凸尖头，基部宽楔形或圆形；小叶柄近无毛。总状花序疏生 12~15 花，长 20~30cm，花序轴被黑色或混生白色长柔毛；总花梗长 10~20cm，无毛；苞片线状披针形，被黑色和白色长柔毛；花梗被黑色长柔毛。花黄色，长约 2cm；花萼除齿缘具疏长毛外无毛；荚果长不超过 6cm，宽不超过 1cm，近假 2 室；果梗有散生毛；种子褐色，近肾形，长约 2.5mm，宽约 4.5mm，平滑。

生境　生于低山，山地草原或沙砾质干山坡。

分布　小库孜巴依。

用途　可作药用。

豆
科

长毛荚黄芪 *Astragalus macrotrichus* Pet.-Stib.

科属　豆科黄耆属

形态　多年生草本，高 3~6cm，被白色伏贴长粗毛。茎极短缩，不明显。叶有 3 小叶，密集覆盖地表；小叶近无柄，宽卵形或近圆形，先端具短尖头，基部具短尖或近圆形，两面被白色伏贴粗毛。总状花序生 1~2 花；苞片膜质，卵状披针形，渐尖，被白色粗毛；花萼钟状管形，被白色开展的毛，萼齿狭披针形，长约为筒部长的 1/3；花冠淡黄色（干时），旗瓣倒披针形，较龙骨瓣长；子房长圆柱状，密被白色长毛。荚果长圆形，膨胀，两端尖，密被白色长柔毛。种子小，深绿色。花期 4—5 月，果期 5—6 月。

生境　生于干旱草原针茅群丛中和戈壁滩上。

分布　台兰河谷口。

用途　药用。

豆

科

高山黄耆 *Astragalus alpinus* L.

科属　豆科黄耆属

形态　多年生草本。茎基部分枝，高 20~50cm，具条棱。奇数羽状复叶，具 15~23 片小叶。总状花序生 7~15 花，密集；总花梗腋生；苞片膜质，线状披针形，下面被黑色柔毛；花萼钟状，被黑色伏贴柔毛，萼齿线形，较萼筒稍长；花冠白色，旗瓣瓣片长圆状倒卵形，翼瓣瓣片长圆形，龙骨瓣与旗瓣近等长，瓣片宽斧形，先端带紫色，基部具短耳。荚果狭卵形，被黑色伏贴柔毛，先端具短喙；种子 8~10 枚，肾形。花期 6—7 月，果期 7—8 月。

生境　生于海拔 1 800~2 200m 山坡草地。

分布　巴依里、平台子。

用途　中药材。

豆科

藏新黄耆 *Astragalus tibetanus* Benth. ex Bge.

科属 豆科黄耆属

形态 多年生草本。高 10~35 cm。羽状复叶，对生或近对生，长圆状披针形；短总状花序密集，腋生，生 5~15 花；苞片披针状卵形；花萼管状；花冠蓝紫色，旗瓣倒卵状披针形；荚果长圆形，具尖喙和果颈，被黑毛混有白色半开展毛，含 4 颗种子。种子淡褐黄色，卵状肾形。花期 6—8 月，果期 7—9 月。

生境 生于海拔 830~2 450m 山谷低洼湿地、地埂或山坡草地。

分布 阿克布拉克、平台子。

用途 中药材，有利尿、强壮作用。

豆

科

毛齿棘豆 *Oxytropis trichocalycina* Bge.

科属 豆科棘豆属

形态 多年生草本，高 3~12cm，被白色绵毛。茎缩短成具很短的木质根颈，短分枝丛生。羽状复叶长 1.5~5cm；托叶披针形；叶柄与叶轴密被开展绵毛；小叶 11~15，极密集，线状披针形，两面密被绢状绵毛。多花组成头形总状花序；花萼钟状，萼齿锥形；花冠紫色，翼瓣略短于旗瓣，龙骨瓣略短于翼瓣，喙长锥形。荚果薄革质，长圆状卵形，膨胀，密被贴伏短的白色柔毛。花果期 5—6 月。

生境 生于山地石质坡地。

分布 平台子。

用途 具有饲用和药用价值。

豆科

小花棘豆 *Oxytropis glabra* (Lam.) DC.

科属　豆科棘豆属

形态　多年生草本，高 20~80cm。茎分枝多，直立或铺散，长 30~70cm。羽状复叶长 5~15cm；小叶 11~19（27），披针形或卵状披针形，上面无毛，下面微被贴伏柔毛。多花组成稀疏总状花序；花长 6~8mm；花萼钟形。萼齿披针状锥形；花冠淡紫色或蓝紫色，旗瓣瓣片圆形，旗瓣长度最长，翼瓣次之，龙骨瓣最短。荚果膜质，长圆形，膨胀，下垂。花期 6—9 月，果期 7—9 月。

生境　生于海拔 440~3 400m 山坡草地、草地、田边、盐土草滩等处。

分布　帕克勒克、平台子。

用途　药用。

豆科

多叶锦鸡儿 *Caragana pleiophylla* (Regel) Pojark.

科属 豆科锦鸡儿属

形态 灌木，高80~100cm。老枝黄褐色，剥裂。羽状复叶有4~7对小叶；托叶宽卵形，红褐色，被柔毛；叶轴灰白色，硬化成针刺，宿存；小叶长圆形，倒卵状长圆形，先端锐尖，两面被伏贴柔毛，老时近无毛，灰绿色。花单生；花萼长管状，萼齿三角形或披针状三角形；花冠黄色，旗瓣椭圆状卵形，先端微凹，瓣柄长为瓣片的1/3~1/2，翼瓣先端圆形，瓣柄长为瓣片的2/3，耳长为瓣柄的1/5~1/3，线形，龙骨瓣稍短于翼瓣，瓣柄较瓣片长；子房密被灰白色柔毛。荚果圆筒状，外面有短柔毛，里面密被褐色绒毛。花期6—7月，果期9月。

生境 生于海拔1 500~2 500m石质山坡、河流阶地。

分布 巴依里、大库孜巴依、小库孜巴依、台兰河谷。

用途 水土保持；药用价值。

吐鲁番锦鸡儿 *Caragana turfanensis* (Krassn.) Kom.

科属 豆科锦鸡儿属

形态 灌木，高 80~100cm。老枝黄褐色，有光泽，小枝多针刺，淡褐色。叶轴及托叶在长枝者硬化成针刺；假掌状复叶有 4 片小叶；托叶的针刺明显短于叶轴的针刺，有时小枝顶端常无小叶，仅有密生针刺，短枝上叶轴脱落或宿存，小叶革质，倒卵状楔形，先端圆形或微凹，具刺尖，两面绿色。花梗单生 1 花；花萼管状，基部非囊状凸起或稍扩大，萼齿短，三角状，具刺尖；花冠黄色，旗瓣倒卵形，具狭瓣柄，瓣柄长为瓣片的 1/3~1/2，线状长圆形，先端圆形或斜截形，瓣柄长超过瓣片的 1/2，耳长为瓣柄的 1/5~1/4，龙骨瓣的瓣柄较瓣片稍短，耳极短。荚果。花期 5 月，果期 7 月。

生境 生于海拔 2 100m 山坡、河流阶地、峭壁。

分布 帕克勒克。

用途 水土保持；药用价值。

豆

科

中亚锦鸡儿 *Caragana tragacanthoides* (Pall.) Poir.

科属　豆科锦鸡儿属

形态　灌木，直立或横卧，高 50~100cm。树皮黄色，有光泽；多分枝。枝条粗壮，具纵沟。托叶三角形，先端具针刺；叶轴在长枝者粗壮，在短枝者脱落或宿存，针刺长 5~12mm；小叶在长枝者 2~3 对，羽状，在短枝者 2 对，密接羽状或假掌状，先端具刺尖，基部渐狭，被伏贴柔毛。花梗单生，每梗 1 花，密被柔毛，基部具关节；花萼管状，萼齿狭三角形，具刺尖；花冠黄色，旗瓣倒卵形，基部楔形，瓣柄稍短于瓣片，翼瓣的瓣柄与瓣片近等长，耳长约为瓣柄的1/2，龙骨瓣短于翼瓣，耳短，瓣柄与瓣片近等长。荚果圆筒状，先端具硬尖。花期 5 月，果期 7 月。

生境　生于石质山坡、冲积扇。

分布　台兰河口荒漠。

用途　水土保持；药用价值。

盐豆木（铃铛刺）*Halimodendron halodendron*（Pall.）Voss

科属　豆科铃铛刺属

形态　灌木，高 50~200cm。树皮暗灰褐色；长枝褐色至灰黄色；当年生小枝密被白色短柔毛。叶轴宿存，呈针刺状；小叶倒披针形；小叶柄极短。总状花序生 2~5 花；总花梗长 1.5~3cm，密被绢质长柔毛；花萼密被长柔毛，萼齿三角形；翼瓣与旗瓣近等长，龙骨瓣较翼瓣稍短。荚果长 1.5~2.5cm，两侧缝线稍下凹，先端有喙；种子小，微呈肾形。花期 7 月，果期 8 月。

生境　生于荒漠盐化沙土和河流沿岸的盐质土上，也常见于胡杨林下。

分布　台兰河谷。

用途　作改良盐碱土和固沙植物，并可栽培作绿篱。

豆
科

顿河红豆草 *Onobrychis taneitica*

科属 豆科驴食草属

形态 多年生草本，高 40~60cm。茎多数，直立，具细棱角。叶长 10~15（22）cm；托叶三角状卵形；小叶 9~13，长圆状线形。总状花序腋生；花多数，紧密排列呈穗状；苞片披针形；萼钟状；花冠玫瑰紫色，旗瓣倒卵形，冀瓣短小，长为旗瓣的 1/4，龙骨与旗瓣近等长；荚果半圆形，脉纹上具疏的乳突状短刺。花期 6—7 月，果期 7—8 月。

生境 生于山地草甸、林间空地和林缘等。

分布 平台子。

用途 优良牧草。

野苜蓿（黄花苜蓿）*Medicago falcata* L.

科属　豆科苜蓿属

形态　多年生草本，高 40~100cm。茎多分枝，平卧或上升。羽状三出复叶，小叶倒卵形至线状倒披针形，仅上部边缘有锯齿；托叶披针形至线状披针形，基部戟形，稍具锯齿；总状花序腋生，卵形或头状，稠密；苞片等长或稍短于花柄；花萼钟形，萼齿线状锥形，比萼筒长；花冠黄色。荚果镰形，被贴伏毛；有种子 2~4 粒。种子卵状椭圆形，黄褐色。花期 6—8 月，果期 7—9 月。

生境　生于砂质偏旱耕地、山坡、草原及河岸杂草丛中。

分布　帕克勒克。

用途　优质牧草。

豆科

天山岩黄耆 *Hedysarum semenovii* Regel et Herd.

科属 豆科岩黄耆属

形态 多年生草本，高 40~60cm。茎直立。叶片卵形至椭圆形，小叶 9~15，上面无毛，下面被贴伏短柔毛。托叶披针形；叶轴被柔毛；总状花序腋生；花 10~30 朵；苞片狭披针形；花萼钟状；花冠淡黄色，旗瓣倒长卵形，冀瓣与旗瓣近等长，龙骨瓣长于旗瓣。荚果 3~4 节，节荚椭圆形；果幼时被柔毛，成熟时几无毛，具细网纹。花期 7—8 月，果期 8—9 月。

生境 生于山地林缘、石质陡坡和灌丛。

分布 平台子。

用途 优质牧草。

豆科

吉尔吉斯岩黄耆 *Hedysarum kirghisorum* B. Fedtsch.

科属 豆科岩黄耆属

形态 多年生草本，高 15~30cm。根为直根，稍木质化。茎直立，多数或丛生，被短柔毛。叶长 6~12cm，托叶披针形。叶轴被短柔毛。总状花序腋生，长 5~10cm，明显超出叶，花序轴和总花梗被灰白色短柔毛；花 15~20 朵，具 2~3mm 长的花梗；苞片披针形，稍长于花梗，被柔毛；萼钟状，被柔毛，萼齿狭披针形，稍长于萼筒或为萼筒的 1.5 倍，上萼齿稍短于下萼和侧萼齿；花冠紫红色，旗瓣倒卵形，翼瓣线形，等于或稍长于旗瓣，龙骨瓣长于旗瓣约 2mm。幼果密被贴伏柔毛。花期 6—7 月，果期 8—9 月。

生境 生于海拔 2 500m 以上的高山和亚高山带的冰碛物、砾石堆和高山草甸。

分布 平台子。

用途 牧草。

豆
科

高山野决明 *Thermopsis alpina* (Pall.) Ledeb.

科属 豆科野决明属

形态 多年生草本。根状茎发达。茎直立，初被白色伸展柔毛，旋即秃净。托叶卵形或阔披针形，上面无毛，下面和边缘被长柔毛，后渐脱落；小叶线状倒卵形至卵形，上面沿中脉和边缘被柔毛或无毛，下面有时毛被较密。总状花序顶生，具花 2~3 轮，2~3 朵花轮生；萼钟形；花冠黄色，花瓣均具长瓣柄，旗瓣阔卵形或近肾形，翼瓣与旗瓣几等长，龙骨瓣与翼瓣近等宽。荚果长圆状卵形，长 2~5（6）cm，宽 1~2cm，先端骤尖至长喙，扁平，亮棕色，被白色伸展长柔毛，种子处隆起，通常向下稍弯曲；有 3~4 粒种子。种子肾形，微扁，褐色。花期 5—7 月，果期 7—8 月。

生境 生于海拔 2 400~4 800m 高山苔原、砾质荒漠、草原和河滩砂地。

分布 平台子。

用途 止痛解毒、润肠通便。

牻牛儿苗科

白花老鹳草 *Geranium albiflorum* Ledeb.

科属　牻牛儿苗科老鹳草属

形态　多年生草本，高 20~60cm。茎单一或 2~3，直立，具棱槽，上部假二叉状分枝。叶基生和茎上对生；托叶三角形；基生叶具长柄，最上部叶几无柄；叶片圆肾形，掌状 5~7 深裂至 3/4 处或更深。花序腋生或顶生，长于叶；花瓣倒卵形，白色或有时淡紫红色；雄蕊稍长于萼片；雌蕊被长柔毛。蒴果。花期 6—7 月，果期 7—8 月。

生境　生于山地森林河谷和亚高山草甸。

分布　平台子。

用途　中药材，有抗菌止泻的功效。

牻牛儿苗科

草地老鹳草 *Geranium pratense* L.

科属 牻牛儿苗科老鹳草属

形态 多年生草本，高 30~50cm。根茎具多数纺锤形块根。茎单一或数个丛生，直立，假二叉状分枝。托叶披针形或宽披针形；基生叶和茎下部叶具长柄；叶片肾圆形或上部叶五角状肾圆形。总花梗腋生或于茎顶集为聚伞花序，长于叶；萼片卵状椭圆形或椭圆形；花瓣紫红色，宽倒卵形；雄蕊稍短于萼片，花药紫红色；蒴果。花期 6—7 月，果期 7—9 月。

生境 生于山地草甸和亚高山草甸。

分布 平台子。

用途 中药材，能祛风除湿和疏通经络。

牻牛儿苗科

丘陵老鹳草 *Geranium collinum* Steph. ex Willd.

科属　牻牛儿苗科老鹳草属

形态　多年生草本，高 25~35cm。根茎短粗，具多数纤维状根。茎丛生，直立或基部仰卧，上部 1~2 次假二叉状分枝。托叶披针形；基生叶和茎下部叶具长柄；叶片五角形或基生叶近圆形，掌状 5~7 深裂近茎部。花序腋生和顶生；萼片椭圆状卵形或长椭圆形，长 10~12mm，宽 4~5mm；花冠淡紫红色，花瓣倒卵形，长 18~20mm，宽 12~14mm；蒴果长 30~35mm。花期 7—8 月，果期 8—9 月。

生境　生于海拔 2 200~3 500m 山地森林草甸和亚高山或高山。

分布　平台子、巴依里。

用途　中药材，能祛风除湿和疏通经络。

牻牛儿苗科

蒺藜科

石生驼蹄瓣 *Zygophyllum rosovii* Bge.

科属　蒺藜科驼蹄瓣属

形态　多年生草本，高 10~15cm，根木质，茎由基部多分枝，通常开展，具条棱。托叶全部离生，卵形；小叶 1 对，卵形，先端锐尖或圆钝。花 1~2 腋生；萼片椭圆形或倒卵状矩圆形；花瓣 5，倒卵形，与萼片近等长，先端圆形，白色，下部橘红色，基部渐狭成爪；雄蕊长于花瓣，橙黄色。蒴果条状披针形，先端渐尖，稍弯或镰刀状弯曲，下垂。种子灰蓝色，矩圆状卵形。花期 4—6 月，果期 6—7 月。

生境　生于砾石低山坡、洪积砾石堆、石质峭壁。

分布　阿托伊纳克。

用途　药用，也可用于轻工业。

驼蹄瓣 *Zygophyllum fabago* L.

科属 蒺藜科驼蹄瓣属

形态 多年生草本，高 30~80cm。茎多分枝，枝条开展或铺散，基部木质化。小叶 1 对，倒卵形，质厚，先端圆形。花腋生；萼片卵形或椭圆形，边缘为白色膜质；花瓣倒卵形，与萼片近等长，先端近白色，下部橘红色。蒴果矩圆形或圆柱形，5 棱，下垂。种子多数，表面有斑点。花期 5—6 月，果期 6—9 月。

生境 生于冲积平原、绿洲、湿润沙地和荒地。

分布 台兰河谷。

用途 药用，也可用于轻工业。

蒺藜科

远志科

新疆远志 *Polygala hybrida* DC.

科属 远志科远志属

形态 多年生草本，高 15~40cm。叶椭圆形至狭披针形。总状花序顶生，生密花；花淡紫红色；萼片宿存，外轮 3 片甚小，内轮 2 片花瓣状，花后略增大；花瓣 3，中间龙骨瓣背面顶部有撕裂成条的鸡冠状附属物、两侧花瓣矩圆状倒披针形。蒴果椭圆状倒心形；种子 2，除假种皮外，密被绢毛。

生境 生于海拔 1 200~1 750m 山坡林下，草地或河漫滩砂质土壤上。

分布 小库孜巴依、平台子。

用途 入药，有祛痰利窍、益智安神、外用消痈肿的功能。

堇菜科

双花堇菜 *Viola biflora* L.

科属　堇菜科堇菜属

形态　多年生草本。地上茎较细弱，高 10~25cm，数条簇生。基生叶 2 至数枚，肾形、宽卵形或近圆形，边缘具钝齿，上面散生短毛，下面无毛；茎生叶具短柄，叶片较小。花黄色或淡黄色，在开花末期有时变淡白色；萼片线状披针形或披针形，无毛或中下部具短缘毛；花瓣长圆状倒卵形，具紫色脉纹。蒴果长圆状卵形。花果期 5—9 月。

生境　生于海拔 2 500~4 000m 高山及亚高山地带草甸、灌丛或林缘、岩石缝隙间。

分布　平台子、巴依里。

用途　药用，治跌打损伤。

西藏堇菜 *Viola kunawarensis* Royle Illustr.

科属　堇菜科堇菜属

形态　多年生矮小草本，高 2.5~6cm。根圆锥状，通常不分枝。叶均基生，莲座状；叶片厚纸质，卵形，边缘全缘或疏生浅圆齿。花小，深蓝紫色；萼片长圆形或卵状披针形；花瓣长圆状倒卵形；花药长约 1.5mm；花柱棍棒状，基部明显膝曲，顶部钝圆无缘边，向前方伸出极短的喙；喙端具较细的柱头孔。蒴果卵圆形。花期 6—7 月，果期 7—8 月。

生境　生于海拔 2 900~4 500m 高山及亚高山草甸、灌丛岩石缝隙或碎石堆阴湿处。

分布　巴依里。

用途　中药材，用于跌打损伤、吐血、急性肺炎、肺出血。

柽柳科

枇杷柴（红砂）*Reaumuria songarica* (Pall.) Maxim.

科属　柽柳科红砂属

形态　多分枝小灌木，高 10~30（70）cm，老枝灰褐色，皮灰白色，纵裂。叶常 4~6 枚簇生在叶腋缩短的枝上，短圆柱形，鳞片状，具点状的泌盐腺体，花期有时叶变紫红色。花单生叶腋，花两性；苞片 3；花萼钟形，上部 5 裂；花瓣 5，白色略带淡红，蒴果长椭圆形，或作三棱锥形，具 3 棱。花果期 7—9 月。

生境　生于荒漠地区和低地边缘，生长基质多为粗砾质戈壁、壤土。

分布　阿托伊纳克、台兰河谷、帕克勒克、平台子。

用途　荒漠区域的优质饲草，羊、骆驼喜食。

宽苞水柏枝 *Myricaria bracteata* Royle

科属 柽柳科水柏枝属

形态 灌木，高约50~300cm，多分枝；叶卵状披针形，总状花序顶生，均生于当年生枝条上；苞片通常宽卵形或椭圆形；萼片披针形或椭圆形，略短于花瓣，先端常内弯，具宽膜质边；花瓣倒卵状长圆形，具脉纹，粉红色或淡紫色，果时宿存。蒴果狭圆锥形。种子狭长倒卵形，顶端芒柱1/2以上被白色长柔毛。花期6—7月，果期8—9月。

生境 生于海拔1 100~3 300m沙砾质河滩、戈壁及砂地上。

分布 帕克勒克、台兰河谷、巴依里。

用途 中药。

柽柳科

锁阳科

锁阳 *Cynomorium songaricum* Rupr.

科属　锁阳科锁阳属

形态　多年生肉质寄生草本，全株红棕色，高 15~100cm。全株呈棕红色，肉质，大部埋于沙土中，基部膨大；叶退化成鳞片状，顶生肉穗状花序；花小而密，红色。寄生于白刺等荒漠植物上。花期 5—7 月，果期 6—7 月。

生境　生于荒漠地带水分条件适宜且有白刺、红砂生长的盐碱地区。

分布　平台子、破城子。

用途　肉质茎供药用，提炼栲胶；可酿酒、饲料及代食品。

锁阳科

伞形科

天山柴胡 *Bupleurum tianschanicum* Freyn

科属 伞形科柴胡属

形态 多年生草本，高50~80cm。叶质厚，绿色泛白，有极窄的膜质边缘，基生叶线形或狭披针形，有5~7条突出的叶脉；茎生叶狭披针状至线形，半抱茎，顶端渐尖，有突尖头，5~9脉；最上部及分枝上的叶较短，披针形，9~11脉。伞辐3~15；总苞片2~3，披针形；小总苞片7~9，等大，披针形，3凸出脉；小伞形花序有花15~30；花瓣顶端内卷成盔状，外面棕黄色，边缘黄色，小舌片黄色；花柱基棕黄色，较肥厚。果实成熟后密集成头状，小总苞片紧贴其上，果长椭圆形，棱突出，棱槽中油管1，合生面2。

生境 生于海拔1 700~2 000m草坡或石砾堆中。

分布 平台子。

用途 中药，为解热药，有解热、镇痛、利胆等作用。

大瓣芹 *Semenovia transiliensis* Regel et Herd.

科属 伞形科大瓣芹属

形态 多年生草本,高 20~60cm。根纺锤形;根颈不分叉。茎单一中空,从中下部向上分枝。基生叶有长柄;叶片轮廓为长卵形,羽状全裂,羽片广卵形,5~6 对,对生,再羽状深裂为披针形,边缘具齿;茎生叶向上简化,裂片通常全缘,叶鞘增宽为卵状披针形。复伞形花序生于茎枝顶端,伞辐 4~15;小伞形花序有花 15~20;花两性,萼齿不等长,外面的齿线状披针形;花瓣白色,外缘花的 1 瓣增大,2 深裂,外面被毛;花柱基扁圆锥形,花柱延长,长于花柱基。分生果椭圆形或长卵形,果棱丝状,侧棱为浅色翅状;每棱槽内油管 1,合生面油管 2。花期 7 月,果期 8 月。

生境 生于海拔 1 900~3 200m 河谷草甸、山地草坡和草甸上。

分布 平台子。

用途 可提取挥发油。

葛缕子 *Carum carvi* L.

科属　伞形科葛缕子属

形态　多年生草本，高 30~70cm。茎通常单生。基生叶及茎下部叶的叶柄与叶片近等长，叶片轮廓长圆状披针形，2~3 回羽状分裂，末回裂片线形或线状披针形，茎中、上部叶与基生叶同形，较小，无柄或有短柄。伞辐 5~10；小伞形花序有花 5~15，花杂性，无萼齿，花瓣白色，或带淡红色。果实长卵形，成熟后黄褐色，果棱明显，每棱槽内油管 1，合生面油管 2。花果期 5—8 月。

生境　生于河滩草丛中、林下或高山草甸。

分布　平台子、破城子。

用途　果实可提取挥发油；残渣做家畜饲料。

伞形科

伊犁岩风 *Libanotis iliensis*（Lipsky）Korov.

科属　伞形科岩风属

形态　多年生草本，高 50~200cm。根颈粗壮，圆柱形，木质化。茎圆柱形，有显著条纹突起，并有浅纵沟槽，密生短毛，近木质化，中间有髓，茎下部或上部有延长开展的分枝，分枝处略膨大，并有宽阔三角状叶鞘抱茎。基生叶多数，有长柄；叶片轮廓呈阔三角状卵形，2~3 回羽状全裂；茎生叶与基生叶相似，但羽片减少。复伞形花序多数，呈圆锥状分枝；总苞片 6~10，卵状披针形；伞形花序直径 2~4cm，伞辐 10~20；每小伞形花序有花 10~20；花瓣白色，长圆形，小舌片内曲，外部多白色长毛。分生果长圆形或椭圆形；每棱槽内油管 1，合生面油管 2。花期 6—7 月，果期 8—9 月。

生境　生于海拔 1 000m 左右砾石山坡或山沟、路旁。

分布　平台子。

用途　根部入药，能健脾胃、止咳，治跌打损伤、关节疼痛等。

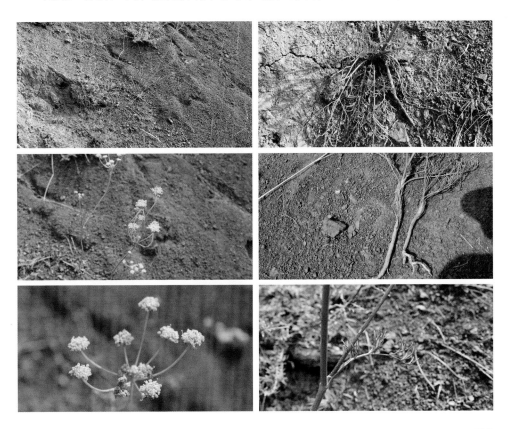

伞形科

报春花科

天山点地梅 *Androsace ovczinnikovii* Schischk. et Bobrov

科属 报春花科点地梅属

形态 多年生草本，植株由根出条上着生的莲座状叶丛形成疏丛。根出条细，幼时红褐色，疏被白色长柔毛，老时深紫褐色，变无毛。莲座状叶丛直径1.5~2.5cm，灰绿色；叶为不明显的两型，外层叶线形或狭舌形，黄褐色，背面中上部和边缘被柔毛；内层叶线形至线状倒披针形，腹面近于无毛，背面中部以上和边缘具长柔毛。花葶1~3枚自叶丛中抽出，被长柔毛；伞形花序3~8花；苞片椭圆形至卵状披针形，疏被柔毛；花梗与花萼同被白色长柔毛；花萼杯状或阔钟状，长2.5~3mm，分裂近达中部，裂片卵形；花冠白色至粉红色，直径4.5~6mm，裂片倒卵形，先端近全缘或微凹。花期6月。

生境 生于海拔2 500~3 100m山坡林下和山地草原。

分布 小库孜巴依、巴依里。

用途 药用。

假报春 *Cortusa matthioli* L.

科属 报春花科假报春属

形态 多年生草本。株高 20~25cm。叶基生，轮廓近圆形，基部深心形，边缘掌状浅裂，裂深不超过叶片的 1/4，裂片三角状半圆形，边缘具不整齐的钝圆或稍锐尖牙齿，上面深绿色，下面淡灰色；叶柄长为叶片的 2~3 倍。花葶通常高出叶丛 1 倍；伞形花序 5~8（10）花；花萼分裂略超过中部，裂片披针形；花冠漏斗状钟形，紫红色，长 8~10cm，分裂略超过中部，裂片长圆形，先端钝。蒴果圆筒形，长于宿存花萼。花期 5—7 月；果期 7—8 月。

生境 生于海拔 1 200~3 500m 高山和亚高山山坡石缝、林缘、林间空地等。

分布 巴依里、小库孜巴依。

用途 中药。

白花丹科

喀什补血草 *Limonium kaschgaricum* (Rupr.) Ik.-Gal.

科属　白花丹科补血草属

形态　多年生草本，高10~25cm。根粗壮，茎基木质。叶基生，长圆状匙形至长圆状倒披针形，或为线状披针形。花序伞房状，花序轴常多数，由下部或中下部作数回叉状分枝，呈"之"字形曲折，其中多数分枝不具花；穗状花序位于部分小枝的顶端，由3~7个小穗组成；小穗含2~3花；外苞宽卵形，先端圆、钝或急尖；萼漏斗状；花冠淡紫红色。花期6—7月，果期7—8月。

生境　生于海拔1 300~3 000m荒漠地区的石质山坡和山麓。

分布　破城子、台兰河谷前戈壁、阿托伊纳克。

用途　药用，具有止痛、补血、消肿、解毒等效果。

白花丹科

浩罕彩花 *Acantholimon kokandense*

科属　白花丹科彩花属

形态　垫状小灌木。叶带灰绿色，线状针形，夏叶质硬，先端有短锐尖，春叶（在新枝基部）较短而略宽，通常不到中部夏叶长度的一半。花序有明显的花序轴，上部由 4~7 个小穗组成穗状花序，有时只有 1 个顶生小穗；小穗含单花，外苞长约 5~6mm，长圆状卵形；萼檐白色，有伸达萼檐顶缘的紫褐色脉纹，先端有 5 个明显的浅裂片；花冠粉红色。花期 6—8 月，果期 7—9 月。

生境　生于海拔 2 000~2 700m 的山坡上。

分布　阿克布拉克、阿托伊纳克。

用途　固沙；药用，散瘀止血。

白花丹科

彩花 *Acantholimon hedinii*

科属　白花丹科彩花属

形态　紧密垫状小灌木；小枝上端每年增长极短，只具几层紧密贴伏的新叶。叶淡灰绿色，披针形至线形，横切面扁三棱形或近扁平，先端急尖或渐尖，常有短锐尖，两面无毛。花序无花序轴，仅为（1）2~3个小穗直接簇生在新枝基部的叶腋，全部露于枝端叶外；小穗含1~2花，外苞和第一内苞被密毛或近无毛；萼漏斗状，萼筒脉上和脉棱间常被密短毛，萼檐白色而脉呈紫褐色，有时下部脉上被毛，先端有10个不明显的浅圆裂片或近截形，脉伸达萼檐顶缘或略伸出顶缘之外；花冠粉红色。花期6—8月，果期7—9月。

生境　生于海拔2 700~4 800 m高山草原地带多石山坡上。

分布　阿克布拉克、阿托伊纳克。

用途　固沙；药用，散瘀止血。

龙胆科

扁蕾 *Gentianopsis barbata*（Froel.）Ma

科属　龙胆科扁蕾属

形态　一二年生草本，高 8~40cm。茎单生，直立，下部单一，上部有分枝。基生叶多对，常早落；茎生叶 3~10 对，无柄，狭披针形至线形。花单生茎或分枝顶端；花萼筒状，裂片 2 对，具白色膜质边缘；花冠筒状漏斗形；腺体近球形，下垂；花药黄色。蒴果具短柄；种子褐色，矩圆形。花果期 7—9 月。

生境　生于海拔 700~4 400m 山坡草地、林下、灌丛中、沙丘边缘。

分布　平台子。

用途　药用，治发烧、头痛。

龙胆科

新疆假龙胆 *Gentianella turkestanorum*（Gand.）Holub

科属　龙胆科假龙胆属

形态　一二年生草本，高 10~35cm。茎单生，直立。叶无柄，卵形或卵状披针形，边缘常外卷。聚伞花序顶生和腋生；花 5 数；花萼钟状；花冠淡蓝色，筒状或狭钟状筒形，浅裂，裂片椭圆形或椭圆状三角形，冠筒基部具 10 个绿色、矩圆形腺体；雄蕊着生于冠筒下部，花丝白色，花药黄色。蒴果；种子黄色，圆球形，表面具极细网纹。花果期 6—7 月。

生境　生于海拔 1 500~3 100m 阴坡草地、林下。

分布　平台子。

用途　药用，有清肝利胆、祛湿、祛燥热的作用。

龙胆科

鳞叶龙胆 *Gentiana squarrosa* Ledeb.

科属　龙胆科龙胆属

形态　一年生草本，高 2~8cm。茎黄绿色或紫红色。叶先端钝圆或急尖，具短小尖头；基生叶大；茎生叶小，外反。花多数，单生于小枝顶端；花梗黄绿色或紫红色；花萼倒锥状筒形，长 5~8mm，裂片外反，卵圆形或卵形，先端钝圆或钝；花冠蓝色，筒状漏斗形；雄蕊着生于冠筒中部，整齐，花药矩圆形；子房宽椭圆形，花柱柱状，柱头 2 裂，外反，半圆形或宽矩圆形。蒴果倒卵状矩圆形；种子黑褐色，椭圆形或矩圆形。花果期 4—9 月。

生境　生于海拔 110~4 200m 山坡、山谷、干草原、河滩、灌丛中及高山草甸。

分布　平台子。

用途　药用，有清肝利胆、祛湿、祛燥热的作用。

龙胆科

斜升秦艽 *Gentiana decumbens* L. f.

科属　龙胆科龙胆属

形态　多年生草本，高 15~45 cm。枝少数丛生，斜升，黄绿色。莲座丛叶宽线形或线状椭圆形；茎生叶披针形至线形。聚伞花序顶生及腋生；花梗斜伸，黄绿色；花冠蓝紫色，筒状钟形，裂片卵圆形；雄蕊着生于冠筒中下部。蒴果椭圆形或卵状椭圆形；种子卵状椭圆形、表面具细网纹。花果期 8 月。

生境　生于海拔 1 200~2 640 m 干草原、林间草地及河谷潮湿低地。

分布　平台子。

用途　药用，祛风湿、清湿热、止痹痛。

龙胆科

夹竹桃科

大叶白麻 *Poacynum hendersonii*（Hook. f.）Woods.

科属　夹竹桃科白麻属

形态　直立半灌木，高 50~250cm。叶互生，叶片椭圆形至卵状椭圆形，顶端急尖或钝，具短尖头，叶缘具细牙齿。圆锥状的聚伞花序一至多歧，顶生；总花梗、花梗、苞片及花萼外面均被白色短柔毛；花萼 5 裂，梅花式排列，裂片卵状三角形；花冠骨盆状，下垂，花外面粉红色，内面稍带紫色，两面均具颗粒状凸起，花冠每裂片具有 3 条深紫色的脉纹；副花冠裂片 5 枚；雄蕊 5 枚；雌蕊 1 枚；花盘肉质环状，顶端 5 浅裂或微缺。蓇葖 2 枚；种子卵状长圆形。

生境　生于盐碱荒地、沙漠边缘、河流两岸冲积平原水田和湖泊周围。

分布　台兰河谷口。

用途　纤维、蜜源植物；中药材。

夹竹桃科

罗布麻 *Apocynum venetum* L.

科属 夹竹桃科罗布麻属

形态 直立半灌木，高 1.5~3m；枝条对生或互生，紫红色或淡红色。叶对生，椭圆状披针形至卵圆状长圆形。圆锥状聚伞花序 1 至多歧，通常顶生。花萼 5 深裂，裂片披针形；花冠圆筒状钟形，紫红色或粉红色，两面密被颗粒状突起，每裂片内外均具 3 条明显紫红色的脉纹；雄蕊着生在花冠筒基部；花药箭头状；花盘环状，顶端不规则 5 裂。蓇葖 2，下垂；种子卵圆状长圆形，黄褐色，顶端有 1 簇白色绢质的种毛；子叶长卵圆形。花期 4—9 月，果期 7—12 月。

生境 生于盐碱荒地和沙漠边缘及河流两岸、河泊周围及戈壁荒滩上。

分布 台兰河谷口。

用途 中药材，有软化血管、降压清脂、常年稳压的作用。

夹竹桃科

茜草科

北方拉拉藤 *Galium boreale* L.

科属 茜草科拉拉藤属

形态 多年生直立草本，高 20~65cm；茎有 4 棱角。叶 4 片轮生，狭披针形或线状披针形，边缘常稍反卷，两面无毛；基出脉 3 条；无柄或具极短的柄。聚伞花序顶生和生于上部叶腋，常在枝顶结成圆锥花序式，密花；花小；花萼被毛；花冠白色或淡黄色，辐状，花冠裂片卵状披针形。花期 5—8 月，果期 6—10 月。

生境 生于海拔 750~3 900m 山坡、草丛、灌丛或林下。

分布 平台子。

用途 药用。

旋花科

灌木旋花 *Convolvulus fruticosus* Pall.

科属 旋花科旋花属

形态 亚灌木或小灌木，高 40~50cm，具多数成直角开展而密集的分枝，近垫状，枝条上具单一的短而坚硬的刺；叶几无柄，倒披针形至线形，稀长圆状倒卵形。花单生，位于短的侧枝上，通常在末端具两个小刺；萼片宽卵形，卵形，椭圆形或椭圆状长圆形；花冠狭漏斗形，外面疏被毛。蒴果卵形，被毛。花期 4—7 月。

生境 生于荒漠，砾石滩上。

分布 阿托伊纳克、阿克布拉克、破城子。

用途 水土保持。

旋花科

紫草科

糙草 *Asperugo procumbens* L.

科属 紫草科糙草属

形态 一年生蔓生草本。高可达 90cm，有 5~6 条纵棱，沿棱有短倒钩刺。下部茎生叶匙形，或狭长圆形，两面疏生短糙毛。花通常单生叶腋；花萼 5 裂，裂片线状披针形，裂片之间各具 2 小齿，花后增大，左右压扁，略呈蚌壳状，边缘具不整齐锯齿；花冠蓝色；雄蕊 5。花果期 7—9 月。

生境 生于海拔 2 000m 以上的山地草坡、村旁、田边等处。

分布 小库孜巴依。

用途 种子可提取 γ-亚麻酸。

紫草科

黄花软紫草 *Arnebia guttata* Bge.

科属　紫草科软紫草属

形态　多年生草本。根含紫色物质。茎通常 2~4 条，高 10~25cm，密生开展的长硬毛和短伏毛。叶无柄，匙状线形至线形。镰状聚伞花序；苞片线状披针形。花萼裂片线形；花冠黄色，筒状钟形，裂片宽卵形或半圆形，常有紫色斑点；柱头肾形。小坚果三角状卵形淡黄褐色，有疣状突起。花果期 6—10 月。

生境　生于荒漠化草原及荒漠。

分布　台兰河山谷。

用途　药用，有清热凉血、消肿解毒、透疹、润肠通便的功能。

紫草科

灰毛软紫草 *Arnebia fimbriata* Maxim.

科属　紫草科软紫草属

形态　多年生草本，全株密生灰白色长硬毛。茎通常多条，高 10~18cm。叶无柄，线状长圆形至线状披针形。镰状聚伞花序，具排列较密的花；苞片线形；花冠淡蓝紫色或粉红色，有时为白色，裂片宽卵形，边缘具不整齐牙齿；雄蕊着生花冠筒中部（长柱花）或喉部（短柱花）；子房4裂。小坚果三角状卵形，密生疣状突起。花果期6—9月。

生境　生于海拔 2 500~4 200m 砾石山坡、洪积扇、草地及草甸等处。

分布　台兰河山口。

用途　根富含紫草素，可代紫草入药。

紫草科

宽叶齿缘草 *Eritrichium latifolium* Kar. et Kir.

科属　紫草科齿缘草属

形态　多年生草本，高 15~30cm。茎数条丛生，不分枝，生柔毛。基生叶数枚，叶片披针形或椭圆状披针形，两面密生开展或半开展的柔毛，柄长 3~5cm；茎生叶披针形，先端锐尖，基部宽楔形或楔形。花序 2~3 个生于茎顶；花梗长 3~6mm，生微毛，最下部花的花梗长可达 3cm；花萼裂片卵状长圆形至卵状披针形；花冠白色，钟状辐形，筒长约 1mm，檐部直径约 6mm，裂片倒卵形，附属物明显伸出喉部，近半圆形，肥厚，基部中心有乳突；花药长圆形。

生境　生于海拔 2 000~3 200m 草坡、河滩灌丛林缘。

分布　巴依里。

用途　药用，可消炎杀菌、止痛止痒。

紫草科

长柱琉璃草 *Lindelofia stylosa*（Kar. et Kir.）Brand

科属 紫草科长柱琉璃草属

形态 根粗壮。茎高 20~100cm，有贴伏的短柔毛，上部通常分枝。基生叶长达 35cm，叶片长圆状椭圆形至长圆状线形，两面疏生短伏毛；下部茎生叶近线形，有柄；中部以上茎生叶无柄。花冠紫色或紫红色，与萼近等长；花药线状长圆形，先端具 2 小尖；子房 4 裂。小坚果背腹扁，卵形。种子卵圆形，黄褐色。

生境 生于海拔 1 200~2 800m 山坡草地、林下及河谷等处。

分布 破城子。

用途 根叶供药用，有清热解毒、利尿消肿、活血调经等功效。

紫草科

唇形科

山地糙苏 *Phlomis oreophila*

科属　唇形科糙苏属

形态　多年生草本，高 30~80cm。茎直立，四棱形，被向下的贴生长柔毛。基生叶卵形或宽卵形，边缘具圆齿，茎生叶圆形，较小，苞叶卵状披针形或披针状线形，上部的苞叶狭，近全缘，超过轮伞花序，叶片均上面橄榄绿色，密被短糙伏毛，下面较淡，密被疏柔毛，基生叶的叶柄明显较茎生叶的长，苞叶无柄。轮伞花序多花，生于茎端，彼此靠近；苞片纤细，丝状，密被长柔毛。花萼管状，外面密被星状微柔毛。花冠紫色，超过萼 1 倍，外面上唇及其稍下部分密被短柔毛及混生的长柔毛，筒部近无毛，内具毛环，上唇边缘自内面被髯毛，具不等的牙齿，下唇中裂片倒卵状宽心形，侧裂片宽卵形。花期 7—8 月。

生境　生于海拔 2 170~3 000m 草坡地。

分布　破城子、阿托伊纳克、帕克勒克、平台子。

用途　根入药，有消肿、生肌、续筋、接骨的功效。

无髭毛建草（光青兰）*Dracocephalum imberbe* Bge.

科属　唇形科青兰属

形态　茎不分枝，长约 25cm，被倒向小毛及长柔毛。叶片圆卵形或肾形，基部深心形，边缘具圆形波状牙齿；茎中部叶具鞘状短柄。轮伞花序密集呈头状花序；苞片匙状倒卵形，具缘毛。花萼带紫色，被短毛至绢状长柔毛，具缘毛，上唇 3 齿卵状三角形，下唇 2 裂，长约 3mm。花冠蓝紫色，长 2.5~3.7cm，被柔毛。花期 7—8 月。

生境　生于海拔 2 400~2 500m 山地草坡。

分布　巴依里、小库孜巴依。

用途　药理作用，具抗缺氧、抗病毒和保肝作用、抗抑作用、心肌保护作用。

唇形科

全缘叶青兰 *Dracocephalum integrifolium* Bge.

科属　唇形科青兰属

形态　多年生草本。茎高 20~40cm。叶片披针形，全缘。每个叶腋具 3 朵花；苞叶与茎叶相似，上部苞叶顶端常有短芒，边缘有时具 1~2 个芒状齿；苞片卵形，暗紫红色，边缘具 2~7 个齿状裂片，裂片顶端具长芒；苞暗紫红色，不明显二唇；花冠蓝紫红色，上唇 2 裂，裂片半圆形，下唇长于上唇，3 裂。小坚果暗褐色，卵形。花期 7—8 月，果期 9 月。

生境　生于海拔 1 400~1 700m 云杉冷杉混交林下或森林草原中。

分布　平台子、破城子。

用途　全草入药，对治疗慢性气管炎有明显的镇咳平喘作用。

唇形科

香青兰 *Dracocephalum moldavica* L.

科属 唇形科青兰属

形态 一年生草本，高6~40cm；茎数个，在中部以下具分枝，被倒向的小毛，常带紫色。基生叶卵圆状三角形；下部茎生叶与基生叶近似，中部以上披针形至线状披针形。轮伞花序生于茎或分枝上部，具4花；苞片长圆形。花萼三角状卵形。花冠淡蓝紫色，冠檐二唇形，上唇短舟形，下唇3裂，具深紫色斑点。小坚果长圆形，顶平截，光滑。

生境 生于海拔220~1 600m干燥山地、山谷、河滩多石处。

分布 帕克勒克、平台子。

用途 提取芳香油。

唇形科

茄 科

黑果枸杞 *Lycium ruthenicum Murr.*

科属 茄科枸杞属

形态 多刺灌木，高 20~150cm。多分枝，枝条坚硬、常呈"之"字形弯曲、白色。叶 2~6 片生于短枝上，肉质，无柄，条状披针形或圆棒状，先端圆。花 1~2 朵生于棘刺基部两侧的短枝上，花冠漏斗状，浅紫色。浆果球形，成熟后紫黑色，种子肾形，褐色。花果期 5—10 月。

生境 生于盐碱土荒地、沙地或路旁。

分布 破城子、平台子。

用途 药用；水土保持。

天仙子 *Hyoscyamus niger* L.

科属　茄科天仙子属

形态　二年生草本，高 100cm，全株被黏质腺毛和柔毛。基生叶丛生呈莲座状；茎生叶互生，长卵形或三角状卵形，边缘羽状深裂或浅裂，裂片三角形，顶端叶呈浅波状。花单生于叶腋，在茎顶端则聚集成蝎尾式总状花序，通常偏向一侧；花萼筒状钟形，密被细腺毛和长柔毛，果实膨大呈坛状；花冠钟状，黄色带紫色脉纹。蒴果卵球状。种子直径约 1mm。花期 6—8 月，果期 8—10 月。

生境　生于山坡、路旁、住宅区及河岸沙地。

分布　破城子。

用途　药用，可作镇咳药及麻醉剂；种子油可供制肥皂。

玄参科

碎米蕨叶马先蒿 *Pedicularis cheilanthifolia* Schrenk

科属 玄参科马先蒿属

形态 多年生草本，高 5~30cm。根肉质。茎沟纹中有成行的毛。叶基出者丛生，茎生者柄短，4 枚轮生，条状披针形，羽状全裂，裂片 8~12 对，羽状浅裂且有重锯齿。花序近头状至总状；花萼圆钟形，脉上密生毛，前方开裂至 1/3 处，长 8~9mm，齿 5，后方 1 枚三角形，全缘，其余有齿；花冠紫红色至纯白色，筒初几伸直，而后在近基部约 4mm 处近以直角向前膝屈，长 11~14mm。花期 7—8 月；果期 8—9 月。

生境 生于海拔 2 150~4 900m 的河滩、水沟等水分充足之处。

分布 平台子。

用途 药用，祛湿止痛、强心安神、利尿消肿、滋补。

长根马先蒿 *Pedicularis dolichorrhiza* Schrenk

科属 玄参科马先蒿属

形态 多年生草本，高 20~100cm，干时不变黑。根颈粗短，向下发出成丛的长根，多者达 10 余条。茎圆筒形而中空，有成行的白色短毛。叶互生，基生者成丛，狭披针形，羽状全裂，有胼胝质凸头的锯齿，茎叶向上渐小而柄较短，成为苞片。花序长穗状而疏；萼有疏长毛，钟形。花冠黄色。蒴果熟时黑色，种子长卵形，有种阜，外面有明显的网纹。花期 6—7 月，果期 7—8 月。

生境 生于海拔 1 900~4 600m 草地。

分布 平台子。

用途 中等价值饲用牧草。

玄参科

欧氏马先蒿 *Pedicularis oederi* Vahl

科属　玄参科马先蒿属

形态　多年生草本，体低矮，高 5~15cm，干时变为黑色。根多数，纺锤形，肉质。茎常为花葶状，大部长度均为花序所占。叶多基生，宿存成丛，有长柄，线状披针形至线形，羽状全裂，在芽中为拳卷，而其羽片则垂直相迭而作鱼鳃状排列。花序顶生，一般 5cm 左右；苞片披针形至线状披针形，常被绵毛；萼狭圆筒形；花冠多二色，盔端紫黑色，其余黄白色，管长 12~16mm；雄蕊花丝前方 1 对被毛，后方 1 对光滑；花柱不伸出于盔端。花期 6—9 月。

生境　生于海拔 2 600~4 300m 高山、沼泽、草甸和阴湿的林下。

分布　巴依里。

用途　有较高的药用价值，含有丰富的人体必需的微量元素。

玄参科

短腺小米草 *Euphrasia regelii* Wettst.

科属　玄参科小米草属

形态　植株干时几乎变黑。茎直立，高 3~35cm，被白色柔毛。叶和苞叶无柄，下部的楔状卵形，顶端钝，每边有 2~3 枚钝齿，中部的卵形至卵圆形，基部宽楔形，每边有 3~6 枚锯齿，锯齿急尖、渐尖，有时为芒状，同时被刚毛和顶端为头状的短腺毛。花序通常在花期短，果期伸长可达 15cm；花萼管状，与叶被同类毛，裂片披针状渐尖至钻状渐尖；花冠白色，上唇常带紫色，外面多少被白色柔毛，背部最密，下唇比上唇长，裂片顶端明显凹缺。蒴果长矩圆状。花期 5—9 月。

生境　生于亚高山及高山草地、湿草地及林中。

分布　平台子。

用途　全草可入药，有清热解毒、利尿作用。

玄参科

砾玄参 *Scrophularia incisa* Weinm.

科属　玄参科玄参属

形态　半灌木状草本，高 20~70cm。茎近圆形。叶片狭矩圆形至卵状椭圆形，边缘变异很大，从有浅齿至浅裂。顶生、稀疏而狭的圆锥花序长 10~35cm，聚伞花序有花 1~7 朵，总梗和花梗都生微腺毛；花萼长约 2mm，裂片近圆形；花冠玫瑰红色至暗紫红色，下唇色较浅，花冠筒球状筒形。蒴果球状卵形。花期 6—8 月，果期 8—9 月。

生境　生于海拔 650~3 900m 河滩石砾地、湖边沙地或湿山沟草坡。

分布　巴依里、阿托伊纳克。

用途　全草入蒙药，能清热、解毒、透疹、通脉。

玄参科

车前科

盐生车前 *Plantago maritima* L. subsp. *ciliata* Printz.

科属　车前科车前属

形态　多年生草本。直根粗长。根茎粗，长可达5cm，常有分枝。叶簇生呈莲座状，平卧、斜展或直立，稍肉质，干后硬革质，线形，长（4~）7~32cm，脉3~5条，有时仅1条明显；无明显的叶柄。花序1至多个；花序梗直立或弓曲上升，长（5~）10~30（~40）cm，无沟槽；穗状花序圆柱状，长（2~）5~17cm。花冠淡黄色。蒴果圆锥状卵形。种子1~2，椭圆形或长卵形，黄褐色至黑褐色。花期6—7月，果期7—8月。

生境　生于海拔400~4300m戈壁滩、盐碱地、田边或草地。

分布　台兰河谷口荒漠。

用途　饲用。

忍冬科

小叶忍冬 *Lonicera microphylla* Willd. ex Roem. et Schult.

科属 忍冬科忍冬属

形态 落叶灌木，高 2~3m；幼枝无毛或疏被短柔毛，老枝灰黑色。叶倒卵状椭圆形至椭圆形或矩圆形，两面被密或疏的微柔伏毛，下面常带灰白色，下半部脉腋常有趾蹼状鳞腺。总花梗成对生于幼枝下部叶腋；苞片钻形；相邻两萼筒几乎全部合生，萼檐浅短，环状或浅波状，齿不明显；花冠黄色或白色，外面疏生短糙毛或无毛，唇形，唇瓣长约等于基部一侧具囊的花冠筒，上唇裂片直立，矩圆形，下唇反曲；雄蕊着生于唇瓣基部，与花柱均稍伸出。果实红色或橙黄色，圆形。花期 5—7 月，果熟期 7—9 月。

生境 生于海拔 1 100~4 050m 干旱多石山坡、草地或灌丛及河谷疏林下。

分布 巴依里、平台子。

用途 观花、观果植物。

败酱科

中败酱 *Patrinia intermedia*（Horn.）Roem. et Schult.

科属　败酱科败酱属

形态　多年生草本，高 10~55 cm；根状茎粗厚肉质。基生叶丛生；花茎的基生叶与茎生叶均为长圆形至椭圆形，1~2 回羽状全裂，下部叶裂片具钝齿，上部叶的裂片全缘。由聚伞花序组成顶生圆锥花序或伞房花序，常具 5~6 级分枝；总苞叶与茎生叶同形或较小；小苞片卵状长圆形；花冠黄色，钟形，裂片椭圆形、长圆形或卵形；雄蕊 4；花药、子房和瘦果都为长圆形。花期 6—8 月，果期 7—9 月。

生境　生于海拔 1 000~3 000 m 山麓林缘、山坡草地，荒漠化草原或灌丛中。

分布　帕克勒克、平台子。

用途　中药材，有清热解毒、祛瘀排毒等功效。

败酱科

新疆缬草 *Valeriana fedtschenkoi* Coincy

科属　败酱科缬草属

形态　小草本，高 10~25cm；根状茎细柱状，多数须根；茎直立。基生叶 1~2 对，近圆形，顶端圆或钝三角形；茎生叶靠基部的 1~2 对与基生叶同，上面 1 对为大头状羽裂，顶裂片卵形或菱状椭圆形，边缘具疏钝锯齿，侧裂片 1~2 对，窄条形。聚伞花序顶生，小苞片线状、钝头、边缘膜质。花粉红色，长 5~6mm。雌雄蕊与花冠等长，花开时伸出花冠外。果卵状椭圆形。花期 6—7 月，果期 7—8 月。

生境　生于海拔 2 000m 山坡林下或山顶草地。

分布　巴依里、小库孜巴依。

用途　药材，有镇静安神功效。

桔梗科

新疆党参 *Codonopsis clematidea* （Schrenk）C. B. Cl.

科属 桔梗科党参属

形态 茎基具多数细小茎痕，粗壮。根常肥大呈纺锤状圆柱形而较少分枝，表面灰黄色，近上部有细密环纹。茎1至数支，直立或上升。主茎上的叶小而互生，分枝上的叶对生；叶片卵形，全缘，不反卷，绿色，密被短柔毛。花单生于茎及分枝的顶端；花梗长，灰绿色，疏生短小的白色硬毛；裂片卵形，蓝灰色；花冠阔钟状，淡蓝色而具深蓝色花脉，内部常有紫斑。蒴果卵状。种子多数，狭椭圆状。花果期7—10月。

生境 生于海拔1 700~2 500m山地、林中、河谷及山溪附近。

分布 帕克勒克、平台子、小库孜巴依。

用途 药用，具有补气健脾、生津止咳、补肺生精的功效。

桔梗科

喜马拉雅沙参 *Adenophora himalayana* Feer

科属　桔梗科沙参属

形态　根常加粗稍呈胡萝卜状，最粗只达到近1cm。茎不分枝，无毛，高15~60cm。基生叶心形或近于三角形卵形；茎生叶卵状披针形。花萼无毛，筒部倒圆锥状或倒卵状圆锥形，裂片钻形；花冠蓝色或蓝紫色，钟状；花盘粗筒状，直径2mm以上；花柱与花冠近等长或略伸出花冠。蒴果卵状矩圆形。花期7—9月。

生境　生于海拔1 200~3 000m山沟草地、灌丛下、林下、林缘或石缝中。

分布　破城子、平台子、帕克勒克。

用途　干燥根供药用，具有清热润肺化痰的功效。

桔梗科

菊 科

顶羽菊 *Acroptilon repens* (L.) DC.

科属 菊科顶羽菊属

形态 多年生草本，高 20~70cm。茎直立，从基部多分枝，密被蛛丝状柔毛。叶稍坚硬，长椭圆形、匙形或线形，两面灰绿色，被稀疏的蛛丝状柔毛，后渐脱落近无毛。头状花序多数，在茎枝顶端排列成伞房状；总苞卵形，总苞片 6~8 层；小花粉红色或淡紫红色。瘦果倒长卵形，压扁，长约 4mm，淡白色；冠毛白色，多层，长达 1.2cm。花果期 6—8 月。

生境 生于山坡、丘陵、平原，农田、荒地广布分布。

分布 台兰河谷。

用途 药用，清热解毒、活血消肿。

菊

科

盐地风毛菊 *Saussurea salsa*

科属 菊科风毛菊属

形态 多年生草本，高 15~50cm。根状茎粗。茎单生或数个，上部或自中部以上伞房花序状分枝。基生叶与下部茎叶全形长圆形，长 5~30cm，宽 2~6cm，大头羽状深裂或浅裂，顶裂片大，三角形或箭头形，边缘波状锯齿或全缘，侧裂 2 对，椭圆形或三角形，全缘或几全缘；中下部茎叶长圆形、长圆状线形或披针形，边缘全缘或有稀疏的锯齿；上部茎叶明显较小，披针形，全缘，全部叶两面绿色，叶质地厚，肉质。头状花序多数，在茎枝顶端排成伞房花序，有花序梗，花序梗长 2~3mm，被稀疏蛛丝状绵毛。总苞狭圆柱状，（5）7 层，外层卵形，中层披针形，内层长披针形，全部总苞片外面被蛛丝状绵毛。小花粉紫色。瘦果长圆形，红褐色。花果期 7—9 月。

生境 生于海拔 2 740~2 880m 盐土草地、戈壁滩、湖边。

分布 平台子。

用途 药用，具有祛风、清热、除湿、止痛等功效。

菊科

阿尔泰狗娃花 *Heteropappus altaicus*（Willd.）Novopokr.

科属　菊科狗娃花属

形态　多年生草本，有横走或垂直的根。茎直立，高 20~60cm，被上曲或有时开展的毛，上部常有腺，上部或全部有分枝。基部叶在花期枯萎；下部叶条形或矩圆状披针形，倒披针形，或近匙形；上部叶渐狭小，条形；全部叶两面或下面被粗毛或细毛，常有腺点，中脉在下面稍凸起。头状花序单生枝端或排成伞房状。总苞半球形；总苞片 2~3 层。舌状花约 20 个；舌片浅蓝紫色，矩圆状条形。冠毛污白色或红褐色。花果期 5—9 月。

生境　生于海拔 2 400m 荒地、路旁、林缘及草地。

分布　平台子。

用途　药用，清热降火、消肿；观赏，可做背景材料或片植。

菊

科

弯茎还阳参 *Crepis flexuosa* (Ledeb.) C. B. Clarke

科属　菊科还阳参属

形态　多年生草本，高6~30cm，植株无毛，蓝灰色。茎自基部分枝，多于节部略作曲折。叶片大头羽状裂或羽状深裂，顶端裂片长圆状条形、卵形或倒卵形，基部扩大而抱茎；中部茎生叶条状披针形。头状花序排列成聚伞伞房状，花序梗纤细；总苞圆柱形；花序托蜂窝状，无托毛；舌状花黄色，于干时略带紫红色，舌片长7~10mm，宽约2mm，顶端有5齿，玫瑰红色或粉红色。瘦果柱状纺锤形；冠毛白色，长4~5.5mm。花期6—7月。

生境　生于海拔1 000~5 050m山坡、河滩草地、河滩卵石地。

分布　平台子。

用途　药用，补肾阳、益气血、健脾胃。

菊

科

帚状绢蒿 *Seriphidium scopiforme*

科属　菊科绢蒿属

形态　多年生草本。根状茎粗，具多枚营养枝。茎多数或少数，高 20~40（50）cm，常与营养枝共组成密丛，分枝多；茎、枝、叶两面初时被灰白色蛛丝状柔毛，后渐脱落或近无毛。叶纸质；茎下部与中部叶椭圆形或长卵形，一（至二）回羽状深裂，每侧具裂片 3~4 枚，裂片椭圆形或长卵形；上部叶与苞片叶，一回羽状深裂、3 深裂或不分裂。头状花序卵形或长卵形，在分枝上排成穗状花序，而在茎上组成狭窄或中等开展的尖塔形的圆锥花序；总苞片 4~5 层；两性花 3~5 朵，花冠管状，花药线形，先端附属物披针形，基部具短尖头，花柱短。瘦果倒卵形。花果期 8—10 月。

生境　盐碱化的戈壁地区。

分布　阿托伊纳克。

用途　牧区做牲畜饲料。

菊

科

毛莲蒿 *Artemisia vestita*

科属　菊科蒿属

形态　半灌木状草本或小灌木状。植株有浓烈的香气，根木质；根状茎粗短，木质，直径 0.5~2cm，常有营养枝。茎多数，丛生，稀单一，高 50~120cm，下部木质，分枝多而长；茎、枝紫红色或红褐色。叶面绿色或灰绿色；茎下部与中部叶卵形、椭圆状卵形或近圆形，长（2）3.5~7.5cm，宽（1.5）2~4cm，二（至三）回栉齿状的羽状分裂；上部叶小，栉齿状羽状深裂或浅裂。头状花序多数，球形或半球形，在茎的分枝上排成总状花序、复总状花序或近似于穗状花序，上述花序常在茎上组成开展或略为开展的圆锥花序；总苞片 3~4 层；雌花 6~10 朵；两性花 13~20 朵。花果期 8—11 月。

生境　生于海拔 2 000~4 000m 山坡、草地、灌丛、林缘等处。

分布　巴依里、小库孜巴依、平台子。

用途　入药，有清热、消炎、祛风、利湿的功效。

菊科

帕米尔蒿 *Artemisia dracunculus L. var. pamirica*（C. Winkl.）Y. R. Ling et C. J.

科属 菊科蒿属

形态 半灌木状草本。根状茎粗，木质，直立或斜上长，常有短的地下茎。茎通常多数，成丛，高 40~150（200）m，褐色或绿色，有纵棱；茎、枝初时微有短柔毛，后渐稀疏。中部叶线状披针形或线形；上部叶与苞片叶略短小。头状花序多数，近球形、卵球形或近半球形，头状花序在茎上排成总状花序或为狭窄而紧密的圆锥花序。总苞片 3 层，中、内层总苞片卵圆形或长卵形；雌花 6~10 朵；两性花 8~14 朵。瘦果倒卵形或椭圆状倒卵形。花果期 7—10 月。

生境 生于海拔 3 000~3 400m 草甸草原或砾质坡地上。

分布 帕克勒克、平台子。

用途 药用；饲用。

菊
科

河西菊（河西苣）*Hexinia polydichotoma*（Ostenf.）H. L. Yang

科属 菊科河西菊属

形态 多年生草本，有根状茎。茎多发自根颈处，具纵条纹，自下部起多级等2叉分枝，形成球状丛。基生叶与下部茎生叶少数，条形，无柄，基部半抱茎，叶尖及齿端具白色胼胝尖，中部茎生叶退化成三角形片。头状花序极多，排列成伞房状；总位近圆柱状，总苞片8~10，覆瓦状排列；花序托无毛，平滑；小花5~7，黄色。瘦果近三棱状圆柱形，具15条等粗的纵肋；冠毛白色，5~10层，等长。花期5—7月。

生境 生于海拔 –42~1 800m 沙地、沙丘间低地、戈壁冲沟及沙地田边。

分布 破城子、台兰河口。

用途 观赏价值；防风固沙，在沙漠边缘地带具有重要的生态价值。

菊科

山野火绒草 *Leontopodium campestre*（Ledeb.）Hand.-Mazz.

科属　菊科火绒草属

形态　多年生草本。花茎直立或斜升，被灰白色或白色蛛丝状茸毛，全部有叶。茎下部以上叶直立或稍开展，舌状或披针状线形，两面被同样的或下面被较密的灰白色蛛丝状或绢状而常粘结成絮状的茸毛；上部叶渐小，较细尖。苞叶多数，被白色或灰白色密茸毛。头状花序。总苞被长柔毛或茸毛；小花异形。雄花花冠漏斗状管状，裂片小；雌花花冠粗丝状。冠毛白色；雌花冠毛细丝状，下部有短髯毛。

生境　生于海拔1 400~3 000 m干旱草原、干燥坡地或石砾地。

分布　阿托伊纳克、大库孜巴依、小库孜巴依、平台子、阿克布拉克、帕克勒克。

用途　干花欣赏；药用：清热凉血、利尿。

丝毛蓝刺头 *Echinops nanus* Bge.

科属　菊科蓝刺头属

形态　一年生草本，高 12~16cm。茎直立，中部分枝，全株被密厚的蛛丝状绵毛。叶质地薄，两面灰白色。基生叶和茎下部叶有短柄，叶片长圆形或披针形，羽状半裂或浅裂，沿缘有稀疏的刺齿；向上叶渐小，通常不分裂。复头状花序单生茎枝顶端。基毛白色。总苞片先端渐尖呈芒刺状；小花蓝色，花冠 5 深裂，裂片线形。瘦果倒圆锥形，密被伏贴的棕黄色长毛；冠毛膜片线形，边缘糙毛状。花果期 6—7 月。

生境　生于海拔 1 300~1 500m 荒漠。

分布　台兰河谷。

用途　观赏；地被绿化；做花镜。

菊科

新疆麻花头 *Serratula rugosa* IIjin

科属　菊科麻花头属

形态　多年生莲座状小草本。无茎或几无茎。全部叶莲座状，生根状茎的顶端，长椭圆形，羽状深裂，有长 2~5cm 的叶柄；侧裂片 4~5 对，中部侧裂片较大，基部侧裂片较小，全部侧裂片半长椭圆形、半椭圆形或偏斜三角形。全部叶两面粗糙。头状花序通常单生于根状茎顶端的莲座状叶丛中，少数植株在莲座叶丛中有两个头状花序的，花梗极短。总苞碗状，外层与中层卵形，上部边缘黑褐色；内层披针形至线状披针形，上部淡黄色。全部小花两性，紫色。瘦果倒披针形。冠毛褐色。花果期 7—8 月。

生境　生于草原和森林草原地带。

分布　平台子。

用途　牧草；观赏植物。

菊
科

毛头牛蒡 *Arctium tomentosum* Mill.

科属 菊科牛蒡属

形态 二年生草本，高达 2m。根肉质，粗壮，肉红色。茎直立，绿色，带淡红色。基生叶卵形，有长叶柄，边缘有稀疏的刺尖，两面异色，上面绿色，被稀疏的乳突状毛及黄色小腺点，下面灰白色，被稠密的绒毛及黄色小腺点；最上部茎叶卵形或卵状长椭圆形。头状花序多数，在茎枝顶端排成大型伞房花序或头状花序少数，排成总状或圆锥状伞房花序。总苞卵形或卵球。小花紫红色。瘦果浅褐色。冠毛浅褐色，多层，基部不连合成环，冠毛刚毛糙毛状，不等长，分散脱落。花果期 7—9 月。

生境 生于山坡草地。

分布 破城子。

用途 瘦果和根作药用，排毒、通便、降脂、减肥。

菊科

草原婆罗门参 *Tragopogon pratensis* L.

科属　菊科婆罗门参属

形态　二年生草本，高25~100cm。茎直立，有纵沟纹。下部叶长，线形或线状披针形，中上部茎叶与下部叶同形，但渐小。头状花序单生茎顶或植株含少数头状花序，但头状花序生枝端。总苞圆柱状，8~10枚，披针形或线状披针形，先端渐尖，下部棕褐色。舌状小花黄色，干时蓝紫色。瘦果长灰黑色或灰褐色，有纵肋，沿肋有小而钝的疣状突起。冠毛灰白色。花果期5—9月。

生境　生于海拔1 200~4 500m山坡草地及林间草地。

分布　平台子、帕克勒克。

用途　药用，健脾益气；食用。

菊
科

天山千里光 *Senecio tianshanicus* Regel et Schmalh.

科属 菊科千里光属

形态 矮小根状茎草本，高5~20cm。叶片倒卵形或匙形；中部茎叶无柄，长圆形或长圆状线形，边缘具浅齿至羽状浅裂；上部叶较小，线形或线状披针形，全缘。头状花序具舌状花，2~10排列成顶生疏伞房花序。小苞片线形或线状钻形。总苞钟状，总苞片约13，线状长圆形，上端黑色，常流苏状，具缘毛或长柔毛，外面被疏蛛丝状毛至变无毛。舌状花约10，管部长3mm；舌片黄色，长圆状线形，具3细齿，具4脉；管状花26~27；花冠黄色，檐部漏斗状；附片卵状披针形，花药颈部柱状，向基部膨大。冠毛白色或污白色。花期7—9月。

生境 生于海拔2 450~5 000m草坡、空旷湿处或溪边。

分布 平台子。

用途 入药，清肝明目、祛湿热、治疮毒。

菊科

三肋果 *Tripleurospermum limosum*（Maxim.）Pobed.

科属 菊科三肋果属

形态 一二年生草本。茎直立，高 10~35cm。基部叶花期枯萎；茎下部和中部叶倒披针状矩圆形或矩圆形，三回羽状全裂。头状花序异型，花序梗顶端膨大且常疏生柔毛；总苞半球形；总苞片 2~3 层，外层宽披针形，内层矩圆形；花托卵状圆锥形。舌状花舌片白色。管状花黄色，冠檐 5 裂。花果期 6—7 月。

生境 生于江河湖岸砂地、草甸以及干旱砂质山坡。

分布 巴依里、平台子。

用途 观花植物。

菊
科

大叶橐吾 *Ligularia macrophylla*（Ledeb.）DC.

科属 菊科橐吾属

形态 多年生草本，高 50~105（170）cm。基生叶具柄，下部 1/3 常成鞘状，抱茎，上半部有翅，叶片长圆状或卵状长圆形；茎生叶无柄，叶片卵状长圆形至披针形。头状花序组成圆锥状；总苞窄筒状，总苞片 4~5 枚，排列成 2 层；边缘的舌状花 1~3，雌性；筒状花 5~7 朵，伸出总苞。瘦果略扁压，柱状；冠毛短于筒状花，白色。花期 7—8 月。

生境 生于海拔 700~2 900m 河谷水边、芦苇沼泽、阴坡草地及林缘。

分布 平台子。

用途 水土保持；根能补虚散结、镇咳祛痰。

菊科

蓼子朴 *Inula salsoloides*（Turcz.）Ostenf.

科属 菊科旋覆花属

形态 亚灌木。茎平卧，或斜升，或直立，圆柱形，高达45cm，基部长分枝密集，中部以上分枝较短，被白色基部常疣状的长粗毛。叶披针状或长圆状线形，全缘，基部常心形或有小耳，半抱茎，边缘平或稍反卷。头状花序单生于枝端。总苞倒卵形；总苞片4~5层，线状卵圆状至长圆状披针形。舌状花较总苞长半倍，舌浅黄色，椭圆状线形。冠毛白色。瘦果。花期5—8月，果期7—9月。

生境 生于海拔500~2 000m干旱草原、半荒漠和荒漠地区。

分布 广泛分布于保护区荒漠地带。

用途 固沙植物；提供固沙种。

菊
科

拐轴鸦葱 *Scorzonera divaricata* Turcz.

科属 菊科鸦葱属

形态 多年生草本，高 20~70cm。茎直立，自基部多分枝，全部茎枝灰绿色。叶线形或丝状。头状花序单生茎枝顶端，形成明显或不明显的疏松的伞房状花序，具 4~5 枚舌状小花。总苞狭圆柱状；总苞片约 4 层；全部苞外面被尘状短柔毛或果期变稀毛。舌状小花黄色。瘦果圆柱状。冠毛污黄色。全部冠毛羽毛状，羽枝蛛丝毛状，但冠毛的上部为细锯齿状。花果期 5—9 月。

生境 生于荒漠地带干河床、沟谷中及沙地中的丘间低地、固定沙丘上。

分布 平台子。

用途 入药，清热解毒、消肿散结。

菊

科

岩菀 *Krylovia limoniifolia*（Less.）Schischk.

科属 菊科岩菀属

形态 多年生草本，根状茎木质，颈部常被多数褐色残存的叶柄。全株被弯短糙毛。茎直立，高 10~20（25）cm，上部分枝。基部叶莲座状，具柄，叶片倒卵形，或长圆状倒卵形；茎叶长圆形或长圆状卵形，较下部叶具短柄，上部叶无柄。头状花序数个，生于花茎或分枝的顶端；总苞宽钟形，总苞片 3 层，外层较短，中层和内层较宽而长；雌花花冠舌状，舌片淡紫色；两性花花冠管状，黄色，檐部钟形，具 5 个不等长的披针形裂片，其中 1 裂片较长；冠毛白色 2 层。花果期 6—8 月。

生境 生于海拔 1 200~2 300m 山沟、河谷或山坡石缝中。

分布 平台子。

用途 具有药用价值。

菊科

高山紫菀 *Aster alpinus* L.

科属 菊科紫菀属

形态 多年生草本，根状茎粗壮，有丛生的茎和莲座状叶丛。茎直立，高10~35cm，下部有密集的叶。下部叶匙状或线状长圆形，渐狭成具翅的柄；中部叶长圆披针形或近线形，无柄；全部叶被柔毛，或稍有腺点。头状花序在茎端单生。总苞半球形；总苞片2~3层，等长或外层稍短。舌状花35~40个，舌片紫色、蓝色或浅红色。管状花花冠黄色。冠毛白色，另有少数在外的极短或较短的糙毛。瘦果长圆形，褐色，被密绢毛。花期6—8月；果期7—9月。

生境 生长于山地草原和草甸中。

分布 平台子。

用途 药用，具有清热解毒的功效。

菊科

百合科

宽苞韭 *Allium platyspathum*

科属 百合科葱属

形态 具短的直生根状茎。鳞茎单生或数枚聚生，卵状圆柱形；鳞茎外皮黑色至黑褐色。叶宽条形，宽 3~17mm。花葶圆柱状，高 10~100cm，中部以下或仅下部被叶鞘；总苞 2 裂，初时紫色，后变无色；伞形花序球状或半球状，具多而密集的花；花紫红色至淡红色，有光泽；花被片披针形至条状披针形；花丝等长，锥形，从与花被片近等长直到其长的 1.5 倍，仅基部合生并与花被片贴生。

生境 生于海拔 1 500~3 500m 阴湿山坡、草地或林下。

分布 平台子。

用途 润肠通便、壮阳。

百合科

长喙葱 *Allium globosum*

科属　百合科葱属

形态　鳞茎常数枚聚生，卵状圆柱形，粗 0.7~1.5cm；鳞茎外皮褐色或红褐色，革质。叶 4~6 枚，半圆柱状，上面具沟槽，光滑，有时沿纵棱具细糙齿。花葶圆柱状，实心，光滑，高 20~60cm，下部或至 1/3 处被叶鞘；总苞单侧开裂或 2 裂，具比裂片长 2 至数倍的长喙，有时喙可长达 6cm，宿存；伞形花序球状，具多而密集的花；花紫红色或淡红色，稀白色；花被片具深色中脉，矩圆状卵形，先端具短尖头，长 4~5mm，宽 2~2.5mm，外轮的稍短；花丝等长，为花被片长的 1.5~2 倍，仅在基部合生并与花被片贴生，锥形。花果期 7—9 月。

生境　生于海拔 1 100~3 100m 向阳石灰质山坡。

分布　平台子。

用途　具有通阳活血、驱虫解毒、发汗解表等功效。

百合科

鸢尾科

马蔺 *Iris lactea* Pall. var. *chinensis* (Fisch.) Koidz.

科属　鸢尾科鸢尾属

形态　根状茎粗壮，包有红紫色老叶残留纤维。叶基生，灰绿色，质坚，线形。花茎高 10~50cm；苞片 3~5，草质，绿色，边缘膜质，白色，包 2~4 花。花为蓝紫色或浅蓝色，花被上有较深色的条纹。子房纺锤形，长 4~4.5cm。蒴果长圆状柱形，具尖喙，有 6 肋。种子近球形。花期 5—6 月，果期 6—9 月。

生境　生于荒地、路旁及山坡草丛中。

分布　破城子。

用途　盐碱地绿化和改良的好材料，具有较高的观赏价值和经济价值。

鸢尾科

紫苞鸢尾 *Iris ruthenica* Ker.-Gawl.

科属　鸢尾科鸢尾属

形态　多年生草本，植株基部围有短的鞘状叶。根状茎斜伸。叶条形，灰绿色，长 20~25cm，宽 3~6mm，有 3~5 条纵脉。花茎纤细，有 2~3 枚茎生叶；苞片 2 枚，绿色，边缘带红紫色，披针形或宽披针形，内苞含有 1 朵花；花蓝紫色；外花被裂片倒披针形，有白色及深紫色的斑纹，内花被裂片直立，狭倒披针形；花柱分枝扁平，顶端裂片狭三角形，子房狭纺锤形。蒴果球形或卵圆形，6 条肋明显，顶端无喙，成熟时自顶端向下开裂至 1/2 处；种子球形或梨形，有乳白色的附属物。花期 5—6 月，果期 7—8 月。

生境　生于向阳草地或石质山坡。

分布　平台子。

用途　叶可制绳索或脱胶后制麻。

鸢尾科

喜盐鸢尾 *Iris halophila*

科属　鸢尾科鸢尾属

形态　多年生草本。根状茎粗，有老叶叶鞘残留。叶剑形，长 20~40cm；花茎粗，高 20~42cm，具侧枝 1~4；苞片 3 枚，草质，边缘膜质，内包有 2 朵花黄色；雄长 3cm。花药黄色；花柱分枝，扁平，呈拱形弯曲，子房纺锤形。蒴果长 5.5~9cm，具 6 条棱，翅状，顶端具长喙，成熟后开裂；种子长 5mm，黄棕色。花期 5—7 月，果期 7—8 月。

生境　生于草甸草原、山坡荒地、砾质坡地及潮湿的盐碱地上。

分布　巴依里、破城子和平台子。

用途　园艺用花；药用，能清热解毒、利尿、止血。

灯心草科

三苞灯心草 *Juncus triglumis* L.

科属　灯心草科灯心草属

形态　多年生草本，绿色，疏丛生。具根状茎；茎直立，圆柱形，高5~15cm，上部暗色，基部被红色鳞片状叶鞘。叶片具沟槽，长达茎的1/2至稍短于茎，基部具钝的叶耳。花序简单，由3~5花组成头状花序；苞片几乎等长，宽披针形，钝或多少具刺状尖，锈褐色，紧贴花且与花近于等长。蒴果椭圆形，三棱状，深褐色。种子长达2mm，两端具白色针状附器。花果期6—8月。

生境　生于海拔2 420~2 700m沼泽类草地。

分布　平台子。

用途　具有利小便、清心火的功效。

灯心草科

禾本科

冰草 *Agropyron cristatum*（L.）Gaertn.

科属　禾本科冰草属

形态　秆成疏丛，上部紧接花序部分被短柔毛或无毛，高 20~75 cm。叶片质较硬而粗糙，常内卷，上面叶脉强烈隆起成纵沟，脉上密被微小短硬毛。穗状花序较粗壮，矩圆形或两端微窄；小穗紧密平行排列成两行，整齐呈篦齿状，含（3）5~7 小花；颖舟形，脊上连同背部脉间被长柔毛，第一颖长 2~3 mm，第二颖长 3~4 mm，具略短于颖体的芒；外稃被有稠密的长柔毛或显著地被稀疏柔毛，顶端具短芒长 2~4 mm；内稃脊上具短小刺毛。

生境　生于干燥草地、山坡、丘陵以及沙地。

分布　阿托伊纳克、平台子、帕克勒克、巴依里、大库孜巴依、小库孜巴依、阿克布拉克。

用途　优质牧草；中等催肥饲料。

禾本科

紫大麦草 *Hordeum violaceum* Boiss. et Huet.

科属 禾本科大麦属

形态 多年生，具短根茎。秆直立，丛生，光滑无毛，高 30~70cm，具 3~4 节。叶鞘基部者长于而上部者短于节间；叶舌膜质；叶常扁平。穗状花序，绿色或带紫色；穗轴节间长约 2mm，边具纤毛；三联小穗的两侧生者具长约 1mm 的柄，颖及外稃均为刺芒状；中间小穗无柄；外稃披针形，先端具长 3~5mm 的芒，内稃与外稃等长。花果期 6—8 月。

生境 生于河边、草地沙质土壤上。

分布 平台子、帕克勒克。

用途 改良后轻度盐渍化和碱化草场的优良草种；为野生优等饲用禾草。

禾本科

直穗鹅观草 *Roegneria turczaninovii* (Drob.) Nevski

科属　禾本科鹅观草属

形态　植株具根头；秆疏丛，高60~80cm。上部叶鞘平滑无毛，下部者常具倒毛；叶片质软而扁平，上面被细短微毛，下面无毛。穗状花序直立，长9~15cm，含7~13小穗，常偏于1侧；小穗长18~25mm（除芒外），黄绿色或微带蓝紫色，含5~7小花；颖披针形，先端尖或渐尖，具3~5粗壮的脉及1~2较短而细的脉，脉上粗糙，第一颖长6~11.5mm，第二颖长9~12mm；外稃披针形，全体遍生微小硬毛，上部具明显5脉，第一外稃长10~12mm，先端芒长2.7~4.3cm；内稃脊上部具短硬纤毛，先端钝圆或微凹。

生境　生于海拔1 350~2 300m山坡草地、林中沟边、平坡地。

分布　小库孜巴依。

用途　优质牧草资源；在退耕还草、种草养畜及水土保持等方面具有重要作用。

禾本科

拂子茅 *Calamagrostis epigeios* (L.) Roth

科属 禾本科拂子茅属

形态 多年生草本。具根状茎；秆直立，高45~100cm。叶鞘平滑或稍粗糙；叶舌膜质，长5~9mm，长圆形，先端易撕裂，叶片扁平或边缘内卷。圆锥花序紧密，圆筒形，直立；两颖近等长或第二颖稍短、先端渐尖，第一颖具1脉，第二颖具3脉，主脉粗糙；外稃膜质顶端具2齿，芒自稃体背面中部附近伸出，细直；内稃长约为外稃的2/3，顶端细齿裂；花药黄色。花果期6—9月。

生境 生于海拔160~3 900m潮湿地及河岸沟渠旁。

分布 帕克勒克、平台子、巴依里、阿托伊纳克。

用途 为牲畜喜食的牧草；是固定泥沙、保护河岸的良好材料。

假苇拂子茅 *Calamagrostis pseudophragmites*（Hall. f.）Koel.

科属　禾本科拂子茅属

形态　秆直立，高 40~100 cm。叶片扁平或内卷，上面及边缘粗糙，下面平滑。圆锥花序长圆状披针形，疏松开展，长 10~35 cm，宽 2~5 cm，分枝簇生；小穗长 5~7 mm，草黄色或紫色；颖线状披针形，成熟后张开，第二颖较第一颖短 1/4~1/3，具 1 脉或第二颖具 3 脉；外稃具 3 脉，顶端全缘，稀微齿裂，芒自顶端或稍下伸出，长 1~3 mm，基盘的柔毛等长或稍短于小穗；内稃长为外稃的1/3~2/3；雄蕊 3。花果期 7—9 月。

生境　生于海拔 350~2 500 m 山坡草地或河岸阴湿处。

分布　平台子、小库孜巴依、阿托伊纳克。

用途　可作饲料；可作为防沙固堤的材料。

剪股颖 *Agrostis matsumurae* Hack. ex Honda

科属 禾本科剪股颖属

形态 多年生草本。秆丛生，高 20~50cm，常具 2 节，顶节位于秆基 1/4 处。叶片直立，扁平，微粗糙，上面绿色或灰绿色，分蘖叶片长达 20cm。圆锥花序窄线形，或于开花时开展，长 5~15cm，宽 0.5~3cm，绿色，每节具 2~5 枚细长分枝；小穗柄棒状；第一颖稍长于第二颖；外稃无芒，具明显的 5 脉；内稃卵形。花果期 4—7 月。

生境 生于海拔 300~1 700m 草地、山坡林下、路边、田边、溪旁等处。

分布 小库孜巴依、平台子。

用途 饲用；景观。

老芒麦 *Elymus sibiricus* L.

科属　禾本科披碱草属

形态　秆单生或成疏丛，高 60~90cm，粉红色，下部的节稍呈膝曲状。叶鞘光滑无毛；叶片扁平。穗状花序较疏松而下垂，长 15~20cm，通常每节具 2 枚小穗，有时基部和上部的各节仅具 1 枚小穗；穗轴边缘粗糙或具小纤毛；小穗灰绿色或稍带紫色，含 4~5 小花；颖狭披针形，具 3~5 明显的脉，先端渐尖或具长达 4mm 的短芒；外稃披针形，具 5 脉，第一外稃顶端芒粗糙；内稃几与外稃等长，先端 2 裂，脊上全部具有小纤毛，脊间亦被稀少而微小的短毛。

生境　多生于路旁和山坡上。

分布　平台子。

用途　优质饲草。

禾本科

小花洽草 *Koeleria cristala var.poaeformis*（Domin）Tzvel.

科属　禾本科洽草属

形态　多年生，须根细长，植株常矮小，高 5~25cm；叶鞘短于节间，叶膜质，先端截平。叶片多基生，通常纵卷。圆锥花序穗状，小穗紫灰色，长 3~4mm，通常含 2 花；颖不等长，第一颖长 1.5~3mm，第二颖长 2.5~3.5mm；第一外稃长 2.6~3.5mm。花果期 6—8 月。

生境　生于海拔 1 350~3 500m 坡草地。

分布　帕克勒克、平台子。

用途　牧草。

禾本科

无芒雀麦 *Bromus inermis* Leyss.

科属　禾本科雀麦属

形态　多年生。秆直立。叶鞘闭合；叶舌长 1~2mm；叶片扁平，两面与边缘粗糙。圆锥花序长 10~20cm，较密集，花后开展；分枝微粗糙，着生 2~6 枚小穗，3~5 枚轮生于主轴各节；小穗含 6~12 花；小穗轴节间长 2~3mm，生小刺毛；颖披针，第一颖具 1 脉，第二颖具 3 脉；外稃长圆状披针形，具 5~7 脉；内稃膜质，短于其外稃，脊具纤毛。颖果长圆形。花果期 7—9 月。

生境　生于海拔 1 000~3 500m 林缘草甸、山坡、河边路旁。

分布　平台子。

用途　优质牧草；人工草场建立和防风固沙的主要草种。

禾本科

细柄茅 *Ptilagrostis mongholica* (Turcz. ex Trin.) Griseb.

科属 禾本科细柄茅属

形态 多年生。茎高 20~60cm，通常具 2 节，基部宿存枯萎的叶鞘。叶片纵卷如针状，秆生者长 2~4cm，基生者长达 20cm。圆锥花序开展，长 5~15cm，分枝细弱，呈细毛状，常孪生或稀单生，下部裸露，上部一至二回分叉；小穗长 5~7mm，暗紫色或带灰色；颖膜质，几等长，先端尖或稍钝且粗糙，具 3~5 脉；外稃长 5~6mm，具 5 脉，顶端 2 裂，背上部粗糙，无毛，下部被柔毛，基盘稍钝，长约 1mm，具短毛，芒长 2~3cm，全被长约 2mm 的柔毛，一回或不明显的两回膝曲；内稃与外稃等长。花果期 7—8 月。

生境 生于海拔 2 000~4 600m 高山草原。

分布 平台子。

用途 属中等牧草。

偃麦草 *Elytrigia repens* (L.) Nevski

科属　禾本科偃麦草属

形态　多年生，具横走的根茎。秆绿色或被白霜，高 40~80cm。叶片扁平，上面粗糙或疏生柔毛，下面光滑，长 10~20cm，宽 5~10mm。穗状花序直立，长 10~18cm；穗轴节间长 10~15mm；小穗含 5~7（10）小花；颖披针形，具 5~7 脉，长 10~15mm；外稃长圆状披针形，具 5~7 脉，第一外稃长约 12mm；内稃稍短于外稃，具 2 脊，脊上生短刺毛；花药黄色。花果期 6—8 月。

生境　生于山谷草甸及平原绿洲。

分布　帕克勒克。

用途　饲草。

禾本科

羊茅 *Festuca ovina* L.

科属　禾本科羊茅属

形态　多年生，密丛，鞘内分枝。秆具条棱，高 15~20cm，基部残存枯鞘。叶鞘开口几达基部，平滑，秆生者远长于其叶片；叶片内卷成针状，稍粗糙，长 2~20cm。圆锥花序紧缩呈穗状，长 2~5cm；基部主枝长 1~2cm，侧生小穗柄短于小穗；小穗淡绿色或紫红色，含 3~6 小花；颖片披针形，第一颖具 1 脉，第二颖具 3 脉；外稃背部粗糙或中部以下平滑，具 5 脉，顶端具芒，芒粗糙，第一外稃长 3~4mm；内稃近等长于外稃，顶端微 2 裂。花果期 6—9 月。

生境　生于海拔 2 200~4 400m 高山草甸、草原、山坡草地、沙地。

分布　平台子。

用途　牧草。

异燕麦 *Helictotrichon schellianum*（Hack.）Kitag.

科属　禾本科异燕麦属

形态　多年生。秆直立，丛生，通常具2节。叶舌披针形。圆锥花序紧缩，淡褐色，具1~4小穗；小穗含3~6小花（顶花退化）；颖披针形；外稃上部透明膜质，成熟后下部变硬且为褐色，具9脉，第一外稃长10~13mm，芒自稃体中部稍上处伸出，粗糙，长12~15mm，下部约1/3处膝曲，芒柱稍扁，扭转；内稃甚短于外稃，第一内稃长7~8mm，脊上部具细纤毛。花期6—9月。

生境　生于海拔160~3 400m山坡草原、林缘及高山较潮湿草地。

分布　平台子。

用途　食用；饲用。

禾木科

新疆银穗草 *Leucocyte albida* (Turcz. ex Trin.) Krecz. et Bobr.

科属　禾本科银穗草属

形态　多年生，密丛型，雌雄异株。秆直立，高 30~50cm，具 2~3 节，基部宿存撕裂成纤维状褐色叶鞘。叶鞘贴生伏毛；叶舌平滑极短，具纤毛；叶片长 5~15cm，质硬，向上直伸，上面粗糙或下面较平滑。圆锥花序长 4~7cm，含 10~20 枚小穗，疏松，紧缩；小穗含 3~5 花，淡绿色带褐色；颖具脊，第一颖卵状披针形，具 1 脉，第二颖具 3 脉；外稃具 5 脉；内稃稍长于外稃，两脊具小纤毛粗糙，先端微齿状。花果期 6—9 月。

生境　生于海拔 1 500~2 500m 云杉林缘、山坡草原。

分布　平台子。

用途　为中等饲用植物；放牧型牧草。

草地早熟禾 *Poa pratensis* L.

科属　禾本科早熟禾属

形态　多年生，具发达的匍匐根状茎。秆高 50~90cm，具 2~4 节。叶片线形，扁平或内卷，长 30cm 左右。圆锥花序金字塔形或卵圆形，长 10~20cm；分枝开展，每节 3~5 枚，小枝上着生 3~6 枚小穗；小穗卵圆形，绿色至草黄色，含 3~4 小花；颖卵圆状披针形，第一颖长 2.5~3mm，具 1 脉，第二颖长 3~4mm，具 3 脉；内稃较短于外稃。颖果纺锤形，具 3 棱。花期 5—6 月，果期 7—9 月。

生境　生于海拔 500~4 000m 湿润草甸、沙地、草坡。

分布　平台子。

用途　重要牧草和草坪水土保持资源。

禾本科

高原早熟禾 *Poa alpigena* (Bulytt) Lindm.

科属　禾本科早熟禾属

形态　多年生，具弧形匍匐根状茎。秆高约15cm，基部短倾卧而后弯曲上升，具1~2节。叶鞘长于其节间，顶生者长于其叶片，平滑无毛；叶片长2~5cm，扁平或沿中脉折叠，顶端尖，两面和边缘粗糙，蘖生叶片长约12cm。圆锥花序直立，长3~7cm，带紫色；分枝每节2~4枚；小穗含2~3小花，颖近相等；内稃与外稃近等长。花果期7—8月。

生境　生于海拔700~3 500m山地草甸、高寒草原、河边沙地。

分布　平台子。

用途　牧草。

禾本科

冷地早熟禾 *Poa crymophila* Keng

科属 禾本科早熟禾属

形态 多年生，丛生。秆高 15~60cm，具 2~3 节。叶鞘基部紫红色；叶片内卷或对折，下面平滑，上面微粗糙，长 3~9cm，蘖生叶片长 10cm 以上。圆锥花序长圆形；分枝上举或开展，基部分枝每节 2（4）枚，主枝下部裸露，侧枝下部即着生小穗；小穗灰绿色或紫色，含 2~3 小花；颖披针形至卵状披针形，具 3 脉；外稃长圆形，具 5 脉，间脉不明显，脊与边脉基部被短毛至无毛，基盘无毛或有稀少绵毛；内稃与外稃等长或稍短，两脊上部微粗糙。花果期 7—9 月。

生境 生于海拔 2 500~5 000m 山坡草甸、灌丛草地或疏林河滩湿地。

分布 小库孜巴依。

用途 优质牧草。

禾本科

镰芒针茅 *Stipa caucasica* Schmalh.

科属 禾本科针茅属

形态 秆高 15~30cm，具 2~3 节。基生叶舌平截，秆生叶舌钝圆，边缘均具柔毛；叶片纵卷如针，基生叶为秆高的 2/30。圆锥花序狭窄，常包藏于顶生叶鞘内；颖披针形，第一颖具 3 脉，第二颖具 5 脉；外稃长 8~10mm，背部具条状毛，基盘尖锐，密被柔毛，芒一回膝曲扭转，芒柱长 1.6~2.2cm，芒针长，呈手镰状弯曲，从上向下，从外圈向内圈渐变短。花果期 4—6 月。

生境 生于海拔 1 400~2 620m 石质山坡和沟坡崩塌处。

分布 平台子、帕克勒克。

用途 荒漠草原的一种早春饲料植物。

禾本科

沙生针茅 *Stipa glareosa* P. Smirn.

科属 禾本科针茅属

形态 须根粗韧，外具砂套。秆高 15~25cm，具 1~2 节，基部宿存枯死叶鞘。叶鞘具密毛；基生与秆生叶舌短而钝圆，边缘具纤毛；叶片纵卷如针，基生叶长为秆高 2/3。圆锥花序常包藏于顶生叶鞘内，长约 10cm，仅具 1 小穗；颖尖披针形，基部具 3~5 脉；外稃顶端关节处生 1 圈短毛，基盘尖锐，密被柔毛；芒一回膝曲扭转，芒柱长 1.5cm，具长约 2mm 柔毛，芒针长 3cm，具长约 4mm 柔毛；内稃与外稃近等长，具 1 脉。花果期 5—10 月。

生境 生于海拔 630~5 150m 石质山坡、戈壁沙滩及河滩砾石地上。

分布 台兰河谷。

用途 营养价值高，是一种催肥的优质牧草。

长芒草 *Stipa bungeana* Trin.

科属 禾本科针茅属

形态 秆丛生。叶鞘光滑无毛或边缘具纤毛；基生叶舌钝圆形，秆生者披针形；叶片纵卷似针状。圆锥花序为顶生叶鞘所包，成熟后渐抽出，每节有 2~4 细弱分枝，小穗灰绿色或紫色；两颖近等长，有 3~5 脉；外稃有 5 脉，背部沿脉密生短毛，先端的关节有 1 圈短毛，其下有微刺毛，芒两回膝曲扭转，芒针长 3~5cm；内稃与外稃等长，具 2 脉。颖果长圆柱形。花果期 6—8 月。

生境 常生于海拔 500~4 000m 石质山坡、黄土丘陵、河谷阶地或路旁。

分布 帕克勒克、平台子。

用途 牧草。

禾本科

紫花针茅 *Stipa purpurea* Griseb.

科属 禾本科针茅属

形态 须根较细而坚韧。秆细瘦，高 20~45cm，具 1~2 节，基部宿存枯叶鞘。叶鞘平滑无毛；基生叶舌端钝，秆生叶舌披针形，均具有极短缘毛；叶片纵卷如针状。圆锥花序基部常包藏于叶鞘内，分枝单生或孪生；小穗呈紫色；颖披针形，具 3 脉；外稃长约 1cm，顶端与芒相接处具关节，基盘尖锐，密毛柔毛，芒两回膝曲扭转。颖果。花果期 7—10 月。

生境 生于海拔 1 900~5 150m 山坡草甸、山前洪积扇或河谷阶地上。

分布 破城子。

用途 贮青干草，是草原或草甸草原地区优质牧草。

禾本科

莎草科

线叶嵩草 *Kobresia capillifolia*（Decne.）C. B. Clarke

科属 莎草科嵩草属

形态 根状茎短，秆密丛生，高 10~45cm，粗约 1mm，钝三棱形，基部具栗褐色宿存叶鞘。叶短于秆。穗状花序线状圆柱形；支小穗多数，除下部的数个有时疏远外，其余的密生，顶生的雄性，侧生的雄雌顺序。鳞片长圆形，椭圆形至披针形，褐色或栗褐色，具 3 条脉。先出叶椭圆形、长圆形或狭长圆形，褐色或栗褐色。小坚果椭圆形或倒卵状椭圆形；花柱基部不增粗，柱头 3 个。花果期5—9 月。

生境 生于海拔 1 800~4 800m 山坡灌丛草甸、林边草地或湿润草地。

分布 平台子。

用途 饲草。

黑花薹草 *Carex melanantha* C. A. Mey.

科属　莎草科薹草属

形态　匍匐根状茎粗壮。秆高 8~30 cm，三棱形，基部具淡褐色的老叶鞘。叶短于或近等长于秆。苞片最下部的刚毛状，无鞘，上部的鳞片状。小穗 3~6 个，密生呈头状，顶生 1 个通常雄性，卵形；侧生小穗雌性，卵形或长圆形。雌花鳞片长圆状卵形，两侧深紫红色。果囊短于鳞片，长圆形或倒卵形、三棱形，麦秆黄色，上部暗紫红色。小坚果倒卵形或倒卵状长圆形，淡黄褐色；花柱基部不膨大，柱头 3 个。花果期 6—8 月。

生境　生于海拔 2 500~4 500 m 山坡阴处和高山草甸。

分布　巴依里。

用途　饲草。

莎草科

青藏薹草 *Carex moorcroftii* Falc. ex Boott

科属 莎草科薹草属

形态 匍匐根状茎粗壮。秆高 7~20cm，三棱形，基部具褐色分裂成纤维状的叶鞘。叶短于秆。苞片短于花序。小穗 4~5 个，密生，仅基部小穗多少离生；顶生 1 个雄性，长圆形至圆柱形；侧生小穗雌性，卵形或长圆形。雌花鳞片卵状披针形，紫红色。果囊等长或稍短于鳞片，椭圆状倒卵形、三棱形，黄绿色，上部紫色，脉不明显，顶端急缩成短喙，喙口具 2 齿。小坚果倒卵形，三棱形；柱头 3 个。花果期 7—9 月。

生境 生于海拔 3 400~5 700m 高山灌丛草甸、高山草甸、湖边草地或低洼处。

分布 帕克勒克。

用途 饲草。

莎草科

箭叶薹草 *Carex ensifolia* Trucz.

科属 莎草科薹草属

形态 具匍匐根状茎。秆高 15~60cm，三棱形，基部具栗褐色，分裂成纤维状的老叶鞘。叶短于秆。苞片短于花序。小穗 3~4 个，顶生 1 个雄性，长圆状圆柱形至圆柱形；侧生小穗雌性，长圆形或长圆状圆柱形至圆柱形，花密生；最下部的小穗柄长 3~7mm，其余近无柄。雌花鳞片长圆形，黑紫色。果囊椭圆形或卵状椭圆形，表面具小瘤状突起，顶端急缩成短喙，喙口截形，全缘。小坚果紧包于果囊中，宽倒卵形，黄色；柱头 2 个。花果期 7—8 月。

生境 生于海拔 1 980~3 500m 山坡草地及潮湿处。

分布 平台子。

用途 饲草。

莎草科

兰 科

宽叶红门兰 *Orchis latifolia* L.

科属　兰科红门兰属

形态　植株高 12~40cm。块茎下部 3~5 裂呈掌状，肉质。茎直立，粗壮，中空，基部具 2~3 枚筒状鞘，鞘之上具叶。叶 4~6 枚，互生，叶片长圆形，上面无紫色斑点。花序具几朵至多朵密生的花，圆柱状，长 2~15cm；花苞片直立伸展；花兰紫色、紫红色或玫瑰红色，不偏向一侧；花瓣直立，卵状披针形；唇瓣向前伸展，卵圆形，边缘略具细圆齿，在基部至中部之上具 1 个由蓝紫色线纹构成似匙形的斑纹，斑纹内淡紫色或带白色，其外色较深，为蓝紫的紫红色，而其顶部为浅 3 裂或 2 裂呈 "W" 形。花期 6—8 月。

生境　生于海拔 600~4 100m 山坡、沟边灌丛下或草地中。

分布　巴依里、小库孜巴依、平台子。

用途　观赏；有补肾养阴、健脾益胃的功效。

用途　块茎入药。

阴生红门兰 *Orchis umbrosa* Kar. et Kir.

科属 兰科红门兰属

形态 植株高15~45cm。块茎（3~）4~5裂呈掌状，肉质。茎粗壮，直立，中空，具多枚疏生的叶。叶4~8枚，叶片披针形或线状披针形。花序具多数密生的花，圆柱状；花苞片绿色或带紫红色；花紫红色或淡紫色；中萼片长圆形，直立，凹陷呈舟状，具3脉，与花瓣靠合呈兜状；侧萼片反折，偏斜，卵状披针形，较中萼片稍长，具3脉；花瓣直立，与中萼片近等长，斜狭长圆形，具2脉；唇瓣向前伸展，倒卵形或倒心形，向基部收狭，最宽处通常在靠前部，基部具距，或先端具不明显的3浅裂或中部具1个小的齿状突起，极罕为浅的3裂，上面具细的乳头状突起，在基部至中部以上具1个由蓝紫色线纹构成似匙形的斑纹（在新鲜花其斑纹颇为显著），斑纹内的色浅略带白色，其外面为蓝紫的紫红色，而顶部2浅裂成W形。花期5—7月。

生境 生于海拔630~4 000m的河滩沼泽草甸、河谷或山坡阴湿草地。

分布 平台子。

用途 观赏。

凹舌兰 *Coeloglossum viride* (L.) Hartm.

科属　兰科凹舌兰属

形态　植株高 14~45cm。块茎肉质，前部呈掌状分裂。茎直立，基部具 2~3 枚筒状鞘，鞘上具叶，叶上常具 1 至数枚苞片状小叶。叶常 3~5 枚，叶片狭倒卵状长圆形、椭圆形或椭圆状披针形。总状花序具多数花，长 3~15cm；花苞片常明显较花长；花绿黄色或绿棕色；萼片基部常稍合生，中萼片直立，凹陷呈舟状，卵状椭圆形，长（4.2）6~8（10）mm，具 3 脉；侧萼片偏斜，卵状椭圆形，较中萼片稍长，具 4~5 脉；花瓣直立，线状披针形，较中萼片稍短，具 1 脉，与中萼片靠合呈兜状；唇瓣下垂，倒披针形，较萼片长，基部具囊状距，上面在近部的中央有 1 条短的纵褶片，前部 3 裂，侧裂片较中裂片长。花期 6—8 月，果期 9—10 月。

生境　生于海拔 1 200~4 300m 山坡林下，灌丛下或山谷林缘湿地。

分布　平台子。

用途　具有较高的园艺价值。

参考文献

崔大方，2010.植物分类学［M］.第3版.北京：中国农业出版社.

崔乃然，1994.新疆主要饲用植物志［M］.乌鲁木齐：新疆人民出版社.

国家林业局中南林业调查规划设计院，2012.新疆托木尔峰国家级自然保护区范围和功能区调整综合论证报告［Z］.

国家林业局中南林业调查规划设计院，2012.新疆托木尔峰国家级自然保护区综合科学考察报告［R］.

国家林业局中南林业调查规划设计院，2012.新疆托木尔峰国家级自然保护区总体规划（2013—2020）［Z］.

贾恢先，孙学刚，2005.中国西北内陆盐地植物图谱［M］.北京：中国林业出版社.

李都，尹林克，2006.中国新疆野生植物［M］.乌鲁木齐：新疆青少年出版社.

李新荣，李小军，刘光琇，2012.中国寒区旱区常见荒漠植物图鉴［M］.北京：科学出版社.

刘兴义，张云玲，2016.新疆草原植物图鉴（博乐卷）［M］.北京：中国林业出版社.

卢琦，王继和，褚建民，2012.中国荒漠植物图鉴［M］.北京：中国林业出版社.

沈显生，2010.植物学拉丁文［M］.第2版.合肥：中国科学技术大学出版社.

孙学刚，张玉斌，刘晓娟.2013.甘肃盐池湾国家级自然保护区植物图鉴［M］.北京：中国林业出版社.

王伏雄，胡玉熹.1982.植物学名词解释：形态结构分册［M］.北京：科学出版社.

王兆松，2006.新疆北疆地区野生资源植物图谱［M］.乌鲁木齐：新疆科学技术出版社.

郗金标，张福锁，田长彦，2006.新疆盐生植物［M］.北京：科学出版社.

席林桥，马春晖，2013.新疆南疆常见草地植物图谱［M］.乌鲁木齐：新疆人民出版社.

赵可夫，冯立田，2001.中国盐生植物资源［M］.北京：科学出版社.

中国科学院登山科学考察队，1985.天山托木尔峰地区的生物［M］.乌鲁木齐：新疆人民出版社.

中国科学院植物研究所，1979.中国高等植物科属检索表［M］.北京：科学出版社.

中国植物志编委会，1959—2004.中国植物志各卷［M］.北京：科学出版社.